总主编 伍 江 副总主编 雷星晖

马 杰 吴庆生 著

稀土钒、硼、磷酸盐纳米材料的固相水热法构筑及其发光性能研究

REVO4, REBO3 and REPO4 (RE= Rare earth element) Nanomaterials Constructed via Solid Phase Hydrothermal Route and Their Fluorescence Properties

内 容 提 要

本书系统研究构筑稀土类钒酸盐、硼酸盐及磷酸盐纳米材料的含氧酸盐纳米材料的多种反应条件；探讨反应条件对产物的晶型、形貌、颗粒的粒度的影响；研究同种类的稀土含氧酸盐材料，随着原子序数的增加或离子半径的增加，其构筑纳米材料的反应条件、物质的晶相及形貌变化规律；深入探讨同一类稀土含氧酸盐的纳米材料的不同晶体结构和形貌与离子半径变化之间关系；探讨不同类型的稀土含氧酸盐氧化物水热合成反应的机理。本书适合材料学专业人员阅读参考使用。

图书在版编目(CIP)数据

稀土钒、硼、磷酸盐纳米材料的固相水热法构筑及其发光性能研究 / 马杰，吴庆生著. --上海：同济大学出版社，2017.5

(同济博士论丛 / 伍江总主编)

ISBN 978-7-5608-6983-4

Ⅰ. ①稀… Ⅱ. ①马…②吴… Ⅲ. ①钒酸盐—固相—水热法—研究②硼酸盐—固相—水热法—研究③磷酸盐—发光—研究④钒酸盐—发光—研究⑤硼酸盐—发光—研究⑥磷酸盐—发光—研究 Ⅳ. ①O613

中国版本图书馆CIP数据核字(2017)第093531号

稀土钒、硼、磷酸盐纳米材料的固相水热法构筑及其发光性能研究

马 杰 吴庆生 著

出 品 人 华春荣　　责任编辑 姚烨铭 卢元姗

责任校对 徐春莲　　封面设计 陈益平

出版发行 同济大学出版社 www.tongjipress.com.cn

(地址：上海市四平路1239号 邮编：200092 电话：021-65985622)

经　　销 全国各地新华书店

排版制作 南京展望文化发展有限公司

印　　刷 浙江广育爱多印务有限公司

开　　本 787 mm×1092 mm 1/16

印　　张 12.75

字　　数 255 000

版　　次 2017年5月第1版 2017年5月第1次印刷

书　　号 ISBN 978-7-5608-6983-4

定　　价 61.00元

“同济博士论丛”编写领导小组

“同济博士论丛”编辑委员会

袁万城　莫天伟　夏四清　顾　明　顾祥林　钱梦騄
徐　政　徐　鉴　徐立鸿　徐亚伟　凌建明　高乃云
郭忠印　唐子来　閤耀保　黄一如　黄宏伟　黄茂松
戚正武　彭正龙　葛耀君　董德存　蒋昌俊　韩传峰
童小华　曾国荪　楼梦麟　路秉杰　蔡永洁　蔡克峰
薛　雷　霍佳震

秘书组成员：谢永生　赵泽毓　熊磊丽　胡晗欣　卢元姗　蒋卓文

总 序

在同济大学110周年华诞之际，喜闻“同济博士论丛”将正式出版发行，倍感欣慰。记得在100周年校庆时，我曾以《百年同济，大学对社会的承诺》为题作了演讲，如今看到付梓的“同济博士论丛”，我想这就是大学对社会承诺的一种体现。这110部学术著作不仅包含了同济大学近10年100多位优秀博士研究生的学术科研成果，也展现了同济大学围绕国家战略开展学科建设、发展自我特色，向建设世界一流大学的目标迈出的坚实步伐。

坐落于东海之滨的同济大学，历经110年历史风云，承古续今、汇聚东西，秉持“与祖国同行、以科教济世”的理念，发扬自强不息、追求卓越的精神，在复兴中华的征程中同舟共济、砥砺前行，谱写了一幅幅辉煌壮美的篇章。创校至今，同济大学培养了数十万工作在祖国各条战线上的人才，包括人们常提到的贝时璋、李国豪、裘法祖、吴孟超等一批著名教授。正是这些专家学者培养了一代又一代的博士研究生，薪火相传，将同济大学的科学研究和学科建设一步步推向高峰。

大学有其社会责任，她的社会责任就是融入国家的创新体系之中，成为国家创新战略的实践者。党的十八大以来，以习近平同志为核心的党中央高度重视科技创新，对实施创新驱动发展战略作出一系列重大决策部署。党的十八届五中全会把创新发展作为五大发展理念之首，强调创新是引领发展的第一动力，要求充分发挥科技创新在全面创新中的引领作用。要把创新驱动发展作为国家的优先战略，以科技创新为核心带动全面创新，以体制机制改革激发创新活力，以高效率的创新体系支撑高水平的创新型国家建设。作为人才培养和科技创新的重要平台，大学是国家创新体系的重要组成部分。同济大学理当围绕国家战略目标的实现，作出更大的贡献。

大学的根本任务是培养人才，同济大学走出了一条特色鲜明的道路。无论是本科教育、研究生教育，还是这些年摸索总结出的导师制、人才培养特区，“卓越人才培养”的做法取得了很好的成绩。聚焦创新驱动转型发展战略，同济大学推进科研管理体系改革和重大科研基地平台建设。以贯穿人才培养全过程的一流创新创业教育助力创新驱动发展战略，实现创新创业教育的全覆盖，培养具有一流创新力、组织力和行动力的卓越人才。“同济博士论丛”的出版不仅是对同济大学人才培养成果的集中展示，更将进一步推动同济大学围绕国家战略开展学科建设、发展自我特色、明确大学定位、培养创新人才。

面对新形势、新任务、新挑战，我们必须增强忧患意识，扎根中国大地，朝着建设世界一流大学的目标，深化改革，勠力前行！

万　钢

2017年5月

论丛前言

承古续今，汇聚东西，百年同济秉持“与祖国同行、以科教济世”的理念，注重人才培养、科学研究、社会服务、文化传承创新和国际合作交流，自强不息，追求卓越。特别是近20年来，同济大学坚持把论文写在祖国的大地上，各学科都培养了一大批博士优秀人才，发表了数以千计的学术研究论文。这些论文不但反映了同济大学培养人才能力和学术研究的水平，而且也促进了学科的发展和国家的建设。多年来，我一直希望能有机会将我们同济大学的优秀博士论文集中整理，分类出版，让更多的读者获得分享。值此同济大学110周年校庆之际，在学校的支持下，“同济博士论丛”得以顺利出版。

“同济博士论丛”的出版组织工作启动于2016年9月，计划在同济大学110周年校庆之际出版110部同济大学的优秀博士论文。我们在数千篇博士论文中，聚焦于2005—2016年十多年间的优秀博士学位论文430余篇，经各院系征询，导师和博士积极响应并同意，遴选出近170篇，涵盖了同济的大部分学科：土木工程、城乡规划学(含建筑、风景园林)、海洋科学、交通运输工程、车辆工程、环境科学与工程、数学、材料工程、测绘科学与工程、机械工程、计算机科学与技术、医学、工程管理、哲学等。作为“同济博士论丛”出版工程的开端，在校庆之际首批集中出版110余部，其余也将陆续出版。

博士学位论文是反映博士研究生培养质量的重要方面。同济大学一直将立德树人作为根本任务，把培养高素质人才摆在首位，认真探索全面提高博士研究生质量的有效途径和机制。因此，“同济博士论丛”的出版集中展示同济大学博士研究生培养与科研成果，体现对同济大学学术文化的传承。

“同济博士论丛”作为重要的科研文献资源，系统、全面、具体地反映了同济大学各学科专业前沿领域的科研成果和发展状况。它的出版是扩大传播同济科研成果和学术影响力的重要途径。博士论文的研究对象中不少是“国家自然科学基金”等科研基金资助的项目，具有明确的创新性和学术性，具有极高的学术价值，对我国的经济、文化、社会发展具有一定的理论和实践指导意义。

“同济博士论丛”的出版，将会调动同济广大科研人员的积极性，促进多学科学术交流、加速人才的发掘和人才的成长，有助于提高同济在国内外的竞争力，为实现同济大学扎根中国大地，建设世界一流大学的目标愿景做好基础性工作。

虽然同济已经发展成为一所特色鲜明、具有国际影响力的综合性、研究型大学，但与世界一流大学之间仍然存在着一定差距。“同济博士论丛”所反映的学术水平需要不断提高，同时在很短的时间内编辑出版110余部著作，必然存在一些不足之处，恳请广大学者，特别是有关专家提出批评，为提高同济人才培养质量和同济的学科建设提供宝贵意见。

最后感谢研究生院、出版社以及各院系的协作与支持。希望“同济博士论丛”能持续出版，并借助新媒体以电子书、知识库等多种方式呈现，以期成为展现同济学术成果、服务社会的一个可持续的出版品牌。为继续扎根中国大地，培育卓越英才，建设世界一流大学服务。

伍　江

2017年5月

前言

稀土含氧酸盐作为一类重要的功能性材料被广泛地研究和开发。随着纳米科技的发展，如何构筑此类物质的纳米结构材料也已成为一个研究热点。

本文首先探索和建立了一种简单的、温和的、绿色的和经济的构筑方法——固相水热法(Solid phase hydrothermal route, S-HT)或称为氧化物水热法(Oxides-Hydrothermal Method, O-HT)。它与经典的水热法的最主要的区别在于：O-HT路线选择的反应前驱体均为常温下不溶于水的氧化物，后者一般选用的反应前驱体是溶于水的稀土盐类。与后者相比，其优点表现在：成本低、工艺简化、无副产物且减少了环境污染，晶体的缺陷和杂质离子的污染少。

利用稀土氧化物和五氧化二钒为前驱体，经O-HT路线成功地构建了多种稀土正钒酸盐纳米结构材料。首次实现利用常态下不溶于水相的物质以水为介质的水热合成反应，证实了O-HT路线的可操作性。研究了体系的温度、时间、添加剂和酸度对产品的晶型、生长状况及形貌的影响；在O-HT反应体系下，实现$LnVO_4$纳米材料晶相和形貌的控制；实验发现利用红外光谱可以辅助判定$LaVO_4$的晶相类型；提出了稀土钒氧化合物在氧化物水热合成体系中的自磨-水解-结晶生长机制(Self - Milling Hydrolysis Crystallized Mechanism, SMHCM)及添加剂控制下的溶解-结晶机制；研究了 YVO_4 和 Eu^{3+} 掺杂的 $LaVO_4$ 的荧光性能。

在上述研究的基础上，在无任何助剂的条件下，又以稀土氧化物和三氧化二硼为原料经 O - HT 路线构筑了系列的稀土正硼酸盐棒、束或片状纳米材料，探讨了其合成条件。首次构建出多层自组装的纳米片状稀土正硼酸盐纳米材料(厚度大约 50 nm，直径可达 10～13 μm)，并证实硼酸钕具有不同于通常报道的六方相晶体结构；详细地考察了影响六方相硼酸钕纳米片状晶体生长和形貌的包括温度、时间、填充度和酸碱度等多种因素，热不可逆相变化特征，以及其形成因素；考察了六方相稀土硼酸盐纳米材料的构建的难易程度与稀土离子半径的递变规律；得到经 O - HT 路线合成硼酸铒和硼酸钇纳米材料的条件；通过稀土掺杂过程可以实现加速或减缓晶体生长的速率；探讨了 Sm^{3+} 和 Dy^{3+} 掺杂的 $LaBO_3$ 纳米棒的荧光性能；揭示了合成稀土正硼酸在 O - HT 体系中的两步骤反应机制。

对 O - HT 路线进行了有益的拓展，利用稀土氧化物与五氧化二磷或磷酸为前驱体、不控制溶液的酸碱度、无任何助剂的条件下合成了系列稀土正磷酸盐纳米棒(直径约为 20～30 nm，长径比达 400～500)和纳米粒子，探讨了温度、时间、P/La 摩尔比和添加剂或溶剂对产品的晶相、尺寸及形貌的影响。在所考察的温度范围内，首次展示密闭的含水体系 P/La 摩尔比(≥1)对产品晶相没有影响，但是对产品的形貌有重要影响；首次展示了溶剂的变化对产品的形貌有重要影响；合成系列 Sm^{3+} 和 Dy^{3+} 掺杂的 $LaPO_4$ 纳米棒；揭示了 O - HT 路线下，稀土磷酸盐 $REPO_4$ (RE = La—Dy) 由六方相含水晶相向单斜无水相转变的生长过程。

三类稀土无机化合物纳米材料经O-HT路线的成功获得，可以预见，O-HT法不仅具有重要的研究价值和广泛的适用性，也具有广阔的应用前景。

目录

第 1 章 绪论

1.1 引言

在不断的探索中，人类的认知水平得到持续的几何量级的提升，认知尺度也从宏观尺度过渡到微观尺度，再拓展到介观尺度范围。纳米(10^{-9} m)是比原子粒度尺寸略大的一个尺度量级，它处于宏观尺度范围和微观尺度范围的过渡阶段。有意思的是有许多物理量的基本长度量纲，如光波波长、物质波波长，以及电子的平均自由程等亦在这个尺度范围内，这使得处于该尺度下的物质具有许多特殊的性能。在 20 世纪 80 年代之前，科学家把处于这个量级下的物质称为超细微粉；80 年代后期，才称这类物质为纳米材料。它是指一定尺度范围内(0.1～100 nm)的超细粉体或由这个尺度范围内的粉体构成的材料。大量的研究发现，纳米材料具有不同于其组成的单个原子或分子，也不同于其宏观物质的特殊的性能，如金、银的粒度达到纳米量级时表现出不导电、高的还原性等。由于颗粒的粒度达到该尺度范围内后，产生了块体材料所不具备的表面效应、小尺寸效应、量子效应和宏观量子隧道效应等，物质的性能发生特异性的变化，对未来的科技发展有着重要的影响，引起人们对纳米材料研究的极大兴趣。科学家们组织 1990 年 7 月第一届国际纳米科学技术学术会议，并以此次为契机揭开了一个崭新的科学技术领域——纳米科学技术(NanoScience & NanoTechnology)。

纳米科技不隶属于某一个经典学科，而是在一个特定的0.1～100 nm的尺度范围内，研究物质的性能与其应用的综合性交叉学科。它涉及化学、材料学、物理学、生物学、医药学、环境科学和分析科学等诸多科学领域。近20年来，纳米材料学作为纳米科技的基础，是纳米科技的研究重点，也是最为活跃一个研究领域。它是研究材料的结构单元的特征维度尺寸在纳米量级(一般是1～100 nm)的固体材料的制备及性能的学科。纳米微粒是构筑纳米材料的基本模块(building blocks)，即基本单元。它是指在三维空间至少有一维处于纳米尺寸范围的基本粒子，可分为三类，即零维纳米微粒、一维纳米线、二维纳米薄膜，甚至也包括具有纳米特征效应的准零维、准一维、准二维纳米相材料。纳米材料学包含如下重要分支：纳米材料的构筑、材料的微观结构及化学构成评价、材料的物理化学性能评价等。在材料的构筑方式中包含着物理方法和化学方法。化学方法有着举足轻重的作用，化学家们利用多种化学手段不仅创造性地制备出大量的具有特殊结构和形貌的材料，还合成出许许多多的新型组成和结构的材料。

由于稀土元素特殊的光、电、磁等物理特性和特殊的化学性质，使得稀土材料的研究开发成为一类非常活跃的科技领域，形成了相当大规模。由于纳米材料具有其他大颗粒材料所不具有的结构以及各种性质，如电性质、光性质，等等，使得稀土纳米材料亦成为目前引人注目的研究课题。制备的粉体粒度小，且分布范围窄的稀土纳米材料具有研究意义及应用价值。纳米级稀土含氧酸盐是一类重要的材料，在光、电、磁等物理领域，以及催化、光降解、光催化和环保等领域都具有广泛的用途。如稀土钒酸盐、磷酸盐、铝酸盐和硼酸盐等为基质的稀土荧光材料，在紫外光、真空紫外光及X射线等光激发能够发出明亮的光，是很有应用前途的发光材料。不仅可以广泛用于荧光灯以及彩色显像管(CRT)的荧光材料，也是一种很有前途的液晶、等离子体平板显示器（PDPs）用的发光材料。因而研究稀土纳米材料的构筑方法和性能亦成为一个热点领域。

1.2　纳米材料的构筑

纳米材料的构筑是纳米科技的基石，如何获得高质量的纳米材料是材料学家较关注和积极投入的研究领域。通过近几十年的探讨，科学家们已经开发出种类繁多的制备途径，获得了大量的纳米结构材料，包括：量子点、纳米粒子、纳米棒、纳米管、纳米带、纳米线、纳米片和纳米级超结构复合材料等。不同的学者对这些制备途径按照不同的分类方法对产物进行了不同的归类。

在材料的构筑过程中，传统的宏观无机固体材料大都在常压高温或高压高温的条件下通过扩散反应制备的。随着科学技术的发展，人们对材料的要求越来越高，如需要获取均匀分散且形貌规整的粉体材料、高密度的致密材料、薄膜材料等，传统的高温反应法（固相合成）很难满足需求。为了适应新材料的制备需要，化学家、材料学家以及物理学家发展了一系列的制备途径，其中有一类化学方法，与传统的方法相比反应条件比较缓和，通常被称为“软化学”方法（是指在相对较低的压力和温度下进行的化学反应），如溶液法、溶胶-凝胶法、水热法、溶剂热法、微乳法、模板法及胶束法等。因而与此对应地，反应条件较苛刻的方法，称为“硬化学”方法，如高温固相合成、等离子溅射、物理蒸发沉积、激光等、固相合成方法。

材料的制备必然涉及原料和能量的消耗，然而在能量的使用和大量原料的消耗中，产生了诸多棘手的负面效应，如温室效应、资源短缺和环境污染等。为了社会和环境的可持续的发展，应该尽量避免或减少对资源和能量的浪费，而不是增加它们的消耗。虽然原料的消耗可以通过一些途径再生，但是这种做法必定以消耗其他形式的能量为代价，会造成更大的热污染[1]。从这个角度来说，必须考虑可应用原料的整体程序，包括：它的上一级原料从开采到生产/制备、运输、使用、消耗，直到产物的循环/再生都要以环境友好的方式进行[2]。

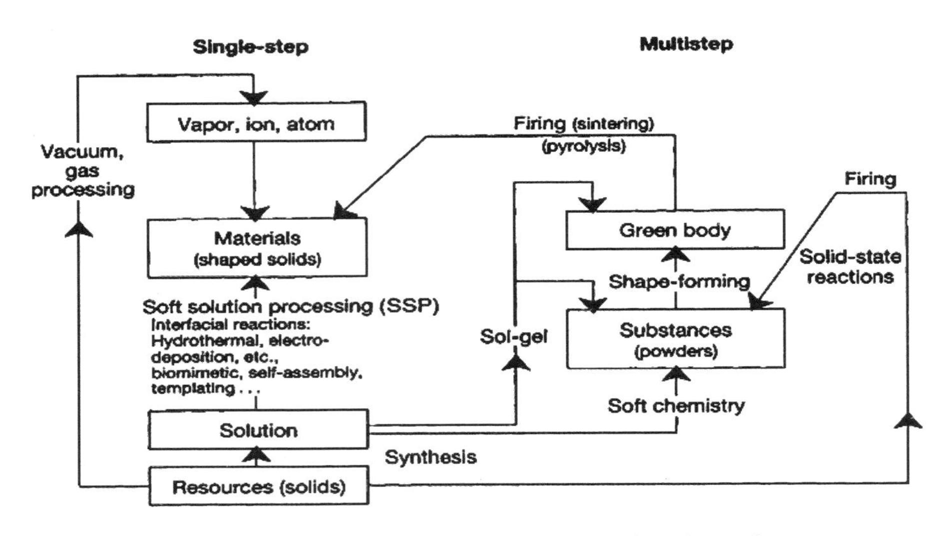

图 1-1　不同先进材料制备方法的流程及其能量消耗示意图

东京大学的 Yoshimura 教授[3]按照反应过程的复杂程度和能量消耗方式，把它们分成一步法和多步法(Scheme1)。多步法指反应要经过两个或多个步骤才能获得目标产物(如图示右边所示)，这些合成手段都包含两个基本步骤：① 合成目标物质的粉体，利用多种手段对产物的化学组成、晶体结构及材料的性能进行测定；② 材料的构筑，利用多种不同的手段获得规则的材料。这类方法包括溶胶-凝胶法，部分软化学法，固态反应法等。多步骤法相对于单一步骤法存在着能量消耗大、环境污染重、造价高等不足，因而多步法不是经济的、低耗能的、环境友好的合成方法。一步法指反应只要经过一个步骤就能得到目标产物，包括① 软溶液过程：界面反应：水热法，电化学沉积；生物膜板，膜板法等；② 真空过程、气相过程，化学气相沉积，有机金属气相沉积，物理蒸发沉积(等离子体溅射，分子束定向沉积)等。在这些单一步骤合成方法中，真空过程、气相过程、物理蒸发沉积等方法能够较好的获得产物，但是它们在反应中消耗了更多的能量，生产和设备成本高，从能量的消耗角度上考虑，它们不是经济的、理想的合成方法。Yoshimura 教授通过对各个过程的能量消耗过程进行分析，得出较为合理的合成方式是采用软溶液合成途径，即利用溶液作为合成材料的媒介是能量最优过程。下面对几类较常用的方法做一个简单的介绍，重点介绍水热途径。

1.2.1　多步法

1. 固态反应法

固态反应是一类传统的、经典的合成方法，它利用可溶或不可溶的原料通过高温、研磨等手段制备出目标产物，大规模地用于工业化生产。相对于溶液反应，它在原料的选择上更为广泛，可以通过选择合适的原料降低相对于溶液反应带来的环境污染程度。因而尽管固态反应浪费了比溶液反应更大量的能量，仍然还是制备陶瓷和无机材料的主要方法。

固态反应法合成纳米材料主要包括如下过程，① 固体粉体原料的均匀混合；② 烧结；③ 二次研磨粉碎；④ 二次烧结；⑤ 成型；⑥ 后高温分解/烧结；⑦ 研磨成纳米级粉体；⑧ 构筑纳米结构材料等。[4]固相反应通常需要在较高的温度下进行，主要是因为固相反应是通过固体表面的微粒扩散来完成的，微粒的扩散速度是由温度和接触面积的大小控制的：温度越高、接触面积越大，扩散速度越快；反之，温度越低，接触面积越小，扩散速度越慢。为了解决扩散速度慢的瓶颈，科技家们做了大量的工作，在不提升反应温度的条件下，主要从两个方面对固相合成进行改进，一个方面是增加反应原料之间的接触面积：方法有，① 降低原料粒径。反应物粒径越小，其表面积成几何量级增大，原料粒子的表面能增大。通过这样的方式不仅增大了反应物之间的接触面积，还能提高原料颗粒的活性，从而加大扩散的速率。如反应过程中不断研磨或球磨球磨法[5]、微波或超声波辅助固相合成法[6]等。② 增加反应物之间的压力或加入助剂。增加压力可以使反应物之间的接触面积增大、接触更紧密，增加了反应物间的相互作用动力；助剂的作用在于提供一个中间态，使得反应物颗粒的表面自由能发生改变，促进反应物间的作用。如高压热合成法[7]，加入低熔点的盐类[8]。③ 前两种方法的有机结合，如利用高能球磨法[9-12]，不仅降低了反应物的粒径，也增加了微粒间碰撞的压力。通过研究发现，通过改变反应物间的接触面积的方法不仅能够增加反应速率，在大多数情况下，还可以降低反应所需要的温度。另一个方面，改变原料的离子源，通过调节反应物的离子源，使反应物离子的扩散更容易进行，达到降低反应所需的温度的目的。例如合成磷酸镧的合成，如果利用氧化镧和五氧化二磷为原料，反应温度需要 600℃以上，利用 $La(NO_3)_3 \cdot 6H_2O$、$(NH_4)_3PO_4 \cdot 3H_2O$ 为原料，通过研磨均匀后，在不到 100℃的适当条件下，既可获得磷酸镧材料[13-15]。通过这些方法的改进说明：在提供反应所需的足够接触面积和反应的活化能的前提下，如果实现了加快固体表面粒子间的扩散速度，固态反应在相对低温下的条件下可以进行。

2. 液相合成法

(1) 溶胶-凝胶法

溶胶-凝胶法是制备纳米材料的一类重要方法[16-24]。采用共沉淀制备材料时，反应组分之间不能形成成分分部均一的固溶共沉淀体系；有些物质利用高温固相合成法不能制备出它们的低温物相，因为这些物相在高温下不稳定，而低温固相反应速度又很慢。为了克服共沉淀法和固相法的不足，溶胶-凝胶法成为得以发展的一种制备途径。该方法可以通过选择适当的反应前躯体和分散剂使反应物形成溶胶-凝胶体系，从而使反应物的混合程度达到均一的原子水平。在制备过程中，主要包含以下基本单元：① 选择适当的前躯体和分散剂，通过一定的手段形成溶液；② 通过加热、分散剂的挥发、静止等方法形成溶胶，进而形成凝胶，最后形为透明固体；③ 在控制的条件下进行干燥后烧结，去除分散剂和配体，可以得到纳米级或准纳米级粉体。

溶胶-凝胶法的优点在于：组分离子是在原子水平上均匀混合的，获得产物的组成均一；可以获得利用高温固相反应不能得到的低温物相；获得一些利用其他合成法不易获得的物质；在合成同种产物的反应温度比高温固相法低。

溶胶-凝胶法的缺点在于：其原料的成本通常较固相合成时高；原料多用有机配体和有机分散剂，在烧结去除这些成分时产生的污染较大；制备出的纳米颗粒容易发生硬团聚(颗粒间以化学键形式连接形成的团聚)，这种团聚使得颗粒的分散非常困难，导致获得纳米粉体的颗粒粒度分布较宽、分散性较差。如何克服这些不足是溶胶-凝胶法期待解决的问题。

(2) 部分软化学法

除了溶胶-凝胶法以外，有些软化学法依然很难通过单一步骤获得目标产物，如沉淀法、共沉淀法和水解法等。这些方法以提供高过饱和溶液的方式同时产生大量的晶核，进而形成纳米级颗粒从溶液中析出，基于这个原理，这些方法成为制备纳米材料的常用方法和手段。但是这些方法存在着如何获得和控制均一组成的产物，如何控制产物的形貌和结晶度等方面的困难。这是因为均相反应和结晶化的粒子要求体系必须同时达到过饱和状态、同时沉淀和同时结晶化或不同组分间发生反应，然而这对于多组分离子相的沉淀过程是非常困难的或者说是几乎不可能实现的。因而为了获得分散性高、组成单一的、高结晶度的产物，热处理过程是许多软化学合成手段所必须选择的手段，因为通常热处理所得沉淀样品可以使各组分达到充分反应，获得高结晶度的产物。但是在热处理的过程中由于纳米粒子高的表面活性会使颗粒间发生团聚，为了分散粒子，研磨或球磨过程又是一些软化学途径不得不选的另一个过程。以共沉淀法合成纳米材料为例[25-33]，反应过程至少包含两个基本步骤：① 共沉淀的设计和形成。选择适当的原料和条件，获得均匀混合的共沉淀粉体；② 共沉淀粉体经热处理或其他处理方式得到目标产物。如：利用共沉淀法合成非晶钇铝石榴石(YAG)纳米材料，Sellappan 等[34]用钇和铝的硝酸盐为起始原料，按照一定比例溶解混合后，加入氨水溶液形成钇和铝的氢氧化物共沉淀；将得到的共沉淀过滤后烘干得到含钇铝的氢氧化物粉末；将粉末在 800℃下热解，使氢氧化物分解，组分间充分反应后得到目标材料。

Gaikwad 等[35]人利用共沉淀法成功获得 $CaBi_2Ta_2O_9$ 纳米材料，反应过程中利用可溶性的钙、钽和铋盐配制成合适的溶液，然后在不断地搅拌下加入氨水和草酸铵，溶液的 pH 值大于 10 以确保沉淀完全，沉淀过滤后干燥，再在一定的温度下热解反应后得到目标产物。

1.2.2 一步法

1. 水热法

水热法可以简单地描述为使用特殊设计的装置(图 1-2)，以水为反应

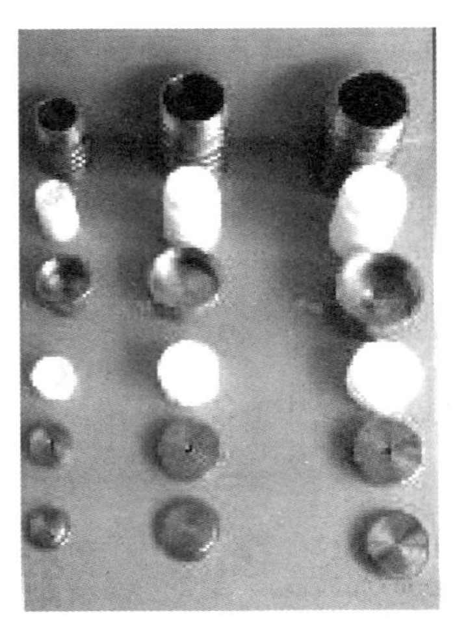

图 1-2 巩义市予华仪器有限公司生产的水热反应釜

介质，创造一个适当温度和压力的环境，使得某些反应发生或物质重结晶的过程。它是一类很有活力和应用前景的制备材料的方法，广泛应用于纳米粉体、晶体和微米甚至毫米级晶体的制备[36-37]。和其他方法相比，水热法具有一些特点和优势：可以获得利用其他方法难以制备的物质或物质的特殊物相；具有更快的反应效率；操作工艺简单；产物的形貌、晶型可控可调，结晶度完整性高；不需要经烧结和研磨等工序产物可以直接获得等。这是因为水热法利用水作为反应的介质，反应物质在适当的高温高压下的扩散速度较快，相互碰撞的几率增大，在原子、分子级别混合的反应单元的反应活性更高，反应进行速度快，因而在较低的反应温度下就能够获得通常在高温固相合成中才能够获得的产物，且具有更优异的结晶度和产物形貌。目前水热法大都选用可溶性的原料为前驱体，因为使用可溶性的物质为原料可以使原料的混合程度达到原子/分子水平，这样的混合程度能使产物保持均一的组成，且反应进行较快，便于对反应物粒子进行调节和修饰，从而实现对产物的晶型和形貌的控制。

(1) 影响水热反应的因素

水热反应的介质通常是水或水溶液，且反应通常在一个密闭的容器中进行，反应体系的压力主要取决于反应体系的温度和反应体系的填充程度(填充度)。随着温度和压力的升高，水溶剂的理化性质发生了变化[38,39]，如离子积 K_w 急剧增大、密度降低、介电常数明显降低以及黏度明显下降，等等。部分的变化关系如图1-3所示(填充度为100%时)。这些变换使得水热体系下的水具有了不同于常压

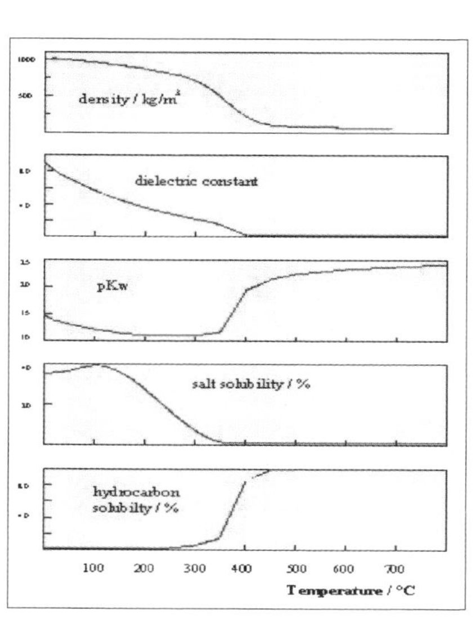

图1-3 密闭水热环境中的几种常见参数与温度的关系

状态下水的一些特殊性质，比如较好的导电性、更高效的离子扩散、更高效的对流驱动力。图 1-4 展示的是 Kennedy[40] 于 1950 年发表的密闭水热体系的压力-填充度-温度三个重要因素之间的关系。从图中可以看出，水热体系的压力是由填充度和温度共同决定的，当填充度大于 32%时，水在其临界温度以下的一个温度范围内(大约在 200℃以上)高压釜反应腔是被液相充满。当填充度超过 80%时，在 245℃以上时为固液共存态。当填充度小于 32%且温度高于一定温度时，反应体系中的水为气态。

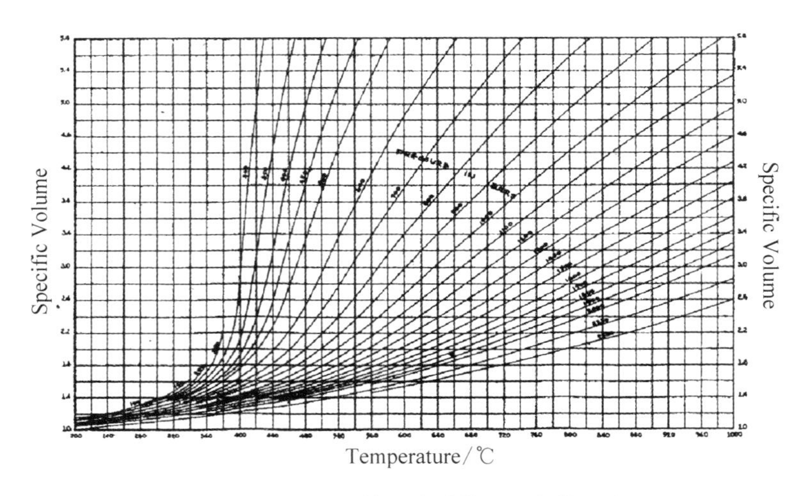

图 1-4　温度和填充度对体系压力的影响

(2) 水热法在构筑纳米材料中的应用

水热法被广泛地应用到纳米材料合成，是一类重要的纳米材料合成手段。在我国有许多课题组从事水热法制备纳米材料方面的研究。清华大学的李亚栋教授课题组建立了合成单分散纳米金属单质和部分化合物的新方法，部分结果发表在 Nature 上[41]，除此之外，他们系统地合成了大量不同类型的纳米材料，如 Cu_2O 纳米线[42]、稀土磷酸盐纳米棒或纳米粒子[43]、单晶的 Co、Ni、Cu、Ag 纳米薄片[44]、稀土钒酸盐纳米材料[45]等。

钱逸泰院士带领的课题组合成了多种Ⅱ—Ⅵ族、Ⅲ—Ⅴ族半导体纳米材料，如 InAs 纳米粒子[46]、ZnO 纳米棒[47-49]、ZnS 和 CdS[50]、InP 纳米晶[51]、ZnSe 中空纳米球[52]等；除此之外还合成了大量的金属单和多种化合物纳米结构材料，如 $Sr_2MgSi_2O_7$：Eu^{3+} 纳米管[53]、CuO 纳米片[54]、t-Se 纳米管[55]、超长 Ag/C 纳米电缆[56]等；该课题组于 1996 年实现首次利用苯代替水做水热反应介质低温获得 GaN 纳米晶[57]的开创性研究成果，该成果发表在当年的 Science 杂志上，以此为契机揭开了利用非水溶剂体系代替水作为反应介质的溶剂热体系合成纳米材料新篇。该体系不仅仅拓宽了水热的应用范围，还开启了利用非水溶剂作为高温高压密闭体系的反应介质构筑纳米材料的新时代。在此之后，溶剂热法很快成为一类独立的纳米材料的构筑方法，包括他们课题组在内的许多科研小组在这个方面都做了大量此方面的工作[58-60]。钱教授利用溶剂热法合成了 CdS 纳米线[61]、ZnSe 纳米线[62]、$AgMS_2$(M=Ga，In)纳米晶[63]等半导体纳米材料、多壁碳纳米管[64]等。

中国科技大学的谢毅教授在水热、溶剂热合成方面亦取得了突出成就，通过水热法、溶剂热法构筑了一系列具有特殊形貌或结构的纳米材料，如大规模构筑了钛酸($H_2Ti_2O_5$)和金红石 TiO_2 纳米管[65](图 1-5b)、CuS 雪花状或花状纳米超结构材料[66](图 1-5c)、Y-链接的中空碳纳米树[67](图 1-5)、在金属镍基底上通过水热合成了 Ni_3S_2 海绵状纳米孔材料[68]、单晶 Se 纳米线和纳米带[69,70]、Cu_2S 纳米带[71]、FeS_2 纳米网格结构材料[72]、CuO 纳米带[73]、GaN 微米颗粒[74]、GaP 和 InP 纳米线[75]等。

利用水热法不仅可以做出多种纳米粉体、纳米管、纳米线、纳米带等材料，还能够顺利的构筑纳米结构性材料，包括不同级别的纳米级孔材料、纳米级超结构材料等。如复旦大学的赵东元院士，主要从事纳米孔结构材料的构筑及性能方面的研究，在构筑微孔、介孔以及大孔材料时都用到水热技术。如制备了高活性的锐钛矿 TiO_2 复合硅基中孔分子筛[76]、具有优良上转化性能的 $NaMF_4$(M=稀土元素)均一的纳米结构阵列[77]、碳纳米粒子和纳米绳[78]、中孔碳和硅纳米材料[79]、大孔硅基 FDU-12 分子筛[80]、超

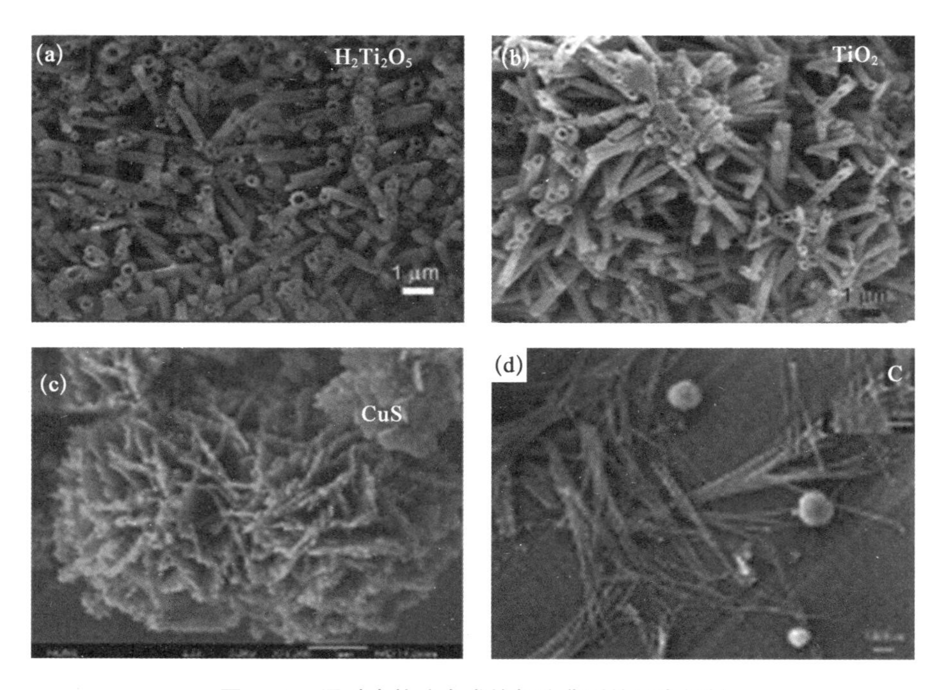

图 1－5　通过水热法合成的部分典型的纳米材料

稳定的硅铝中孔分子筛[81]、CuS 纳米粒子和纳米管线[82]等。

国内的众多学者在水热法构筑纳米材料方面都做了许多出色的工作，不仅涉及水热法反应体系的建立和改进，还包含水热合成理论的探讨。通过广大学者的努力，水热体系已经从单一的水溶剂-水热体系，拓展到模板控制-水热合成体系、有机溶剂-水热体系(溶剂热法)、水-油混合溶剂-水热体系、微乳-水热体系、溶胶-水热体系和超临界流体-水热体系等。利用水热体系不仅实现了多种物质或物相的低温制备，更实现了对获得晶体的包括形貌、晶型和尺寸在内的可控合成。在理论方面提出了多种晶体生长的控制理论，如李亚栋先后提出了 WS_2 纳米管晶体生长的“卷曲机制”和单分散纳米材料合成的相转移和分离机制等。

虽然不同的水热法在构筑纳米材料的反应途径上存在着差异，但是都包含三个主要环节：① 前躯体的预处理。在大多数报道的反应中都选用可溶性的离子源,特别是加入模板剂或微乳-水热体系,因此在反应前要对前驱体做适当的处理。如制备稀土磷酸盐纳米材料采用稀土氧化物为原料时,通常是把稀土氧化物与硝酸反应形成硝酸盐后再分散到水溶剂中,然后加入配制好的适当的磷酸盐,调节好溶液的 pH 值等;为了控制晶核的生成速度,通常采用一种或几种离子缓释技术,如在合成硫化物纳米材料时,采用硫脲、硫醇做硫源等,这些预处理过程对产物的获得具有很大的影响。② 反应温度和时间的控制。温度的高低和时间的长短影响到反应体系的压力、溶液的性能、反应的活性、产物的生成速度、晶体生长方向,甚至晶格结构和晶相等;因而合成不同的材料,利用不同的水热途径,所选择温度和时间也不尽相同。③ 产物的洗出。由于反应是在溶液体系中获得的,所得的产物都是不溶于该溶液体系的沉淀物或胶状颗粒,所以反应完成后,产物都需要从溶液中洗出或分离。选择的溶液体系不同,会导致洗出的方式也不尽相同。对于多数不溶于水和常见有机溶剂的无机盐,多采用离心分离后水和乙醇多次反复洗涤。如北京大学严纯华教授课题组利用水热途径合成稀土磷酸盐[83]的基本实验步骤如下:选择分析纯 $Ln(NO_3)_3$ (Ln=La, Ce, Pr, Nd, Sm, Eu, Gd, Tb, Dy)配制成一定浓度的溶液,和稀的 H_3PO_4, $NH_4H_2PO_4$ 或 $(NH_4)_2HPO_4$ ($Ln:PO_4^{3-}=1:1.1$)溶液混合后加入聚四氟乙烯反应容器中,用氨水溶液调节体系的 pH 值为 0.8 左右;在充分搅拌后把容器密封于不锈钢反应釜,反应釜在 120℃～200℃范围内被恒温加热 24 h 后自然冷却至室温;沉淀经去离子水洗涤、离心分离、真空干燥后即得目标产物。利用相同的水热途径,改变了反应体系的 pH 值、反应温度和反应时间,还获得了 $LnPO_4:Tb,Bi$ (Ln=La,Gd) 纳米荧光粉[84]、六方相和四方相的磷酸镝纳米材料[85],等等。

2. 微乳和反向胶束体系

微乳和反向胶束体系是纳米材料构筑中很重要的一类软化学溶液途径,属于沉淀反应类型。其主要设计目标是通过调节产物的生成和聚合速率，控制难溶物产物的形貌和结构，从而达到对产物的尺寸、形貌可控，获得理想目标产物。利用这种方法可以很好地控制纳米粒子的沉降速度和晶体的生长状况，设计、控制产物的形貌和特殊结构。

胶束体系的形成至少包含两个组分，表面活性剂和分散剂。表面活性剂要求具有亲水端（极性端）和亲油端（非极性端），亲水端为较短小极性基团，亲油端一般为长链基团；分散剂通常为水（W）或小分子的有机物（通常成为油 O）。对于水做分散质时，当表面活性剂的浓度超过临界胶束浓度（CMC）后，表面活性剂就会发生聚集，形成亲油端向内、亲水端向外的胶束体系，如果在体系中加入少量的有机溶剂，可能在略低于临界胶束浓度的条件下，就形成水包油的胶束，这种胶束通常称为正向胶束，整个体系称为胶束体系；相反地，如果用有机溶剂做分散质，当加入超过一定量的表面活性剂时，表面活性剂同样会发生聚集，形成亲油端向外、亲水端向内的胶束体系，如果加入少量的水或水溶液时，这种胶束可以形成油包水的稳定体系（中间是水核，界面是表面活性剂、外层为有机溶剂），这种胶束称为反向胶束，整个体系称为反向胶束体系。对于用反向胶束体系制备无机纳米材料来说，每个胶束的尺寸和形状可以通过表面活性剂的量、种类、链的长短、助表面活性剂等调节或控制，这样，不同形状的胶粒所围成不同形状的水核，水核的尺度在纳米量级，当两个带有能反应的反号离子的胶团靠近后，发生了胶团融合，就会形成一个特殊的微反应器，反应在此发生，在胶团形状的限定下，表现出特殊的生长特征，最终形成特殊结构或形貌的纳米材料。例如 Cölfen 等利用反向胶束法利用不同表面活性剂合成了多种形貌的 $BaCrO_4$ 的纳米材料[86]；齐利民等合成了直径仅为 3.5 nm，长度达 50 μm 超高长径比的 $BaWO_4$ 羽毛状纳米线[87]；Wu 等利用胶束体系合成了羟基磷酸钙纳米晶[88]，等等。

3. 其他方法

除了前面介绍的几种方法外，在纳米材料构筑中还有许多的方法，如化学气相沉积法(CVD)、模板法、液膜法、生物矿化、电化学法等。

1.3 稀土类无机纳米材料的研究进展

1.3.1 稀土材料的特性和用途

由于稀土离子具有特殊的电子结构，特殊的光、电、磁等物理特性及特殊的化学性质，使得稀土材料获得惊人的发展，并形成了相当大的生产规模和客观的市场，国内外在稀土新材料方面几乎每隔3～5年就有一次突破。稀土离子的电子结构为未充满的4f层以及充满的5s、5p层，由于4f层上电子能量高于5s、5p层，因此当离子吸收能量时，4f层上电子首先发生跃迁，这就使研究稀土离子光学性质时是主要描述4f轨道上电子运动状态，特别在7个4f轨道间的分布使稀土具有丰富的发射光谱和极其优异的发光性能。对于稀土的发光全过程，可以分为以下2个步骤：

(1) 物质的可激活系统在吸收光子后跃迁到较高能态。

(2) 激活系统回复到较低能态而发射光子。

稀土的特征性质使稀土发光材料具有许多优异的特征：

(1) 荧光光谱为线谱，发光颜色很少随基质改变。

(2) 发光材料的浓度猝灭小，温度猝灭小。

(3) 处于激发态的稀土离子寿命比普通离子长。

(4) 发光材料的亮度高而且显色性好。

稀土类含氧酸盐是一类重要的材料，在光、电、磁等物理领域，催化、光降解、光催化、环保等领域都具有广泛的用途[89-92]。由于纳米材料具有其他大颗粒材料所不具有的结构以及各种性质如电性质、光性质等，纳米稀土材料已成为目前引人注目的课题。制备的粉体粒度小，且分布均匀，分布范围窄的纳米稀土材料具有研究意义及应用价值，如纳米级 YVO_4 ：Eu，不仅是应用于荧光灯以及彩色显像管(CRT)的荧光材料,也是一种很有前途的等离子体平板显示器(PDPs)用的发光材料;蓝光材料 YVO_4 : Tm 和$GdVO_4$: Tm,具有合适的荧光寿命以及优良的色度;以纳米级磷酸盐为基质的材料在VUV 光激发能够发出明亮的光,是很有应用前途的发光材料。

1.3.2 构筑方法的进展

为获取性能优异的稀土类纳米材料,人们在制备技术和制备工艺上不断地尝试,取得了不少进展。根据反应的特点可以分为物理法和软化学法两类[93-95]。物理法主要指利用物理技术制备产物的方法,包括:高温固相法、高能(或低温)球磨法、等离子发射沉积法、激光溅射沉积法、激光诱导沉积法等。这些方法具有产量可控、操作可控、适于大规模生产等优点,但是需要较大型的、昂贵的仪器设备和高能量消耗。软化学合成法是近年来发展较快的方法,此类方法的特点主要是通过化学反应的途径,再通过一些较为便利的手段获得成品,它包括水热法、共沉淀法、溶胶-凝胶法、反向胶束法、微乳液法、水解胶体合成法、模板法等。

高温固相合成是制备稀土含氧酸盐发光材料应用得最早和最多的方法[96,97]。以合成钒酸盐为例,该法是将高纯度的稀土氧化物、偏钒酸铵(或五氧化二钒)和一些助熔剂粉碎后充分研磨,再按一定的比例均匀混合,然后在适当的温度(通常高于 650℃)预处理数小时,在程序升温到 1 000℃以上焙烧数小时,即可以得到粗产物。为了使稀土氧化物充分反应,通常需要加入过量的钒的化合物(高温下 V_2O_5 挥发和分解)。这样,焙烧完后的样品需要用稀酸进行充分洗涤除去过量的钒的化合物。高温固相法合成荧光粉体虽然比较成熟,能保证形成良好的晶体结构,但烧温度高(1 100℃～1 400℃),反应时间长,产物冷却也需要相当长的时间,所得产物的硬度大,要得到适于应用的粉末状材料,就必须进行球磨,又耗能,经球磨后的粉体与原块状产物相比,发光亮度衰减严重。

为获取性能优异的稀土纳米级荧光粉，人们在制备技术和制备工艺上不断地尝试和改进，取得了不少进展。根据反应的特点可以分为物理法和软化学法两类。物理法主要指利用物理技术制备产物的方法，包括高能(或低温)球磨法、等离子发射沉积法、激光溅射沉积法、激光诱导沉积法等。这些方法具有产量可控、粒度可控、操作可控，适于现代化的生产等优点，但是需要较大型的、昂贵的仪器设备和高能量消耗；比如，Lin 等[192]人利用碳纳米管限制的固相反应方法合成了硼酸镧纳米线(图 1-6)，Klassen 和 Zhou 等[193,194]分别经硝酸铵熔融法和溶胶凝胶法获得了硼酸镧和硼酸钆纳米粒子。虽然这些方法可以获得相应的目标产物，但是它们分别面临着高温、反应过程繁杂、副产物共生及生产成本高等不足，这样对稀土硼酸盐纳米材料的广泛应用是很不利的。

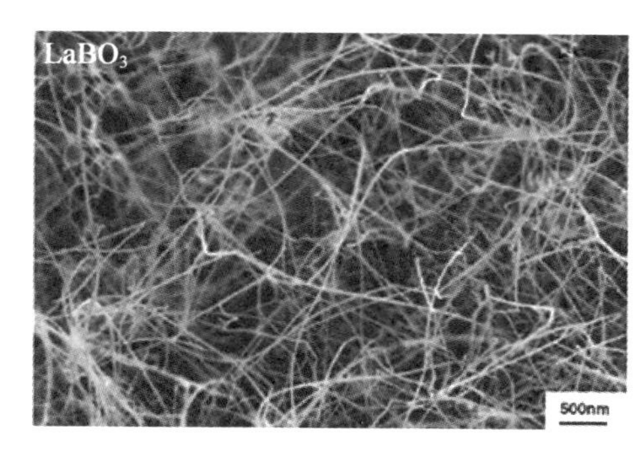

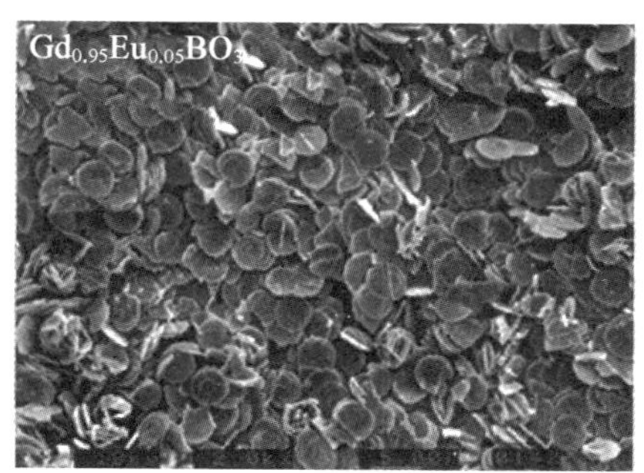

图 1-6 通过不同方法获得的稀土硼酸盐纳米材料

软化学合成法[98-102]是近年来发展较快的方法，此类方法的特点主要是通过化学反应的途径，制备出产物或产物的前驱体，然后再通过一些较为便利的手段获得成品。它包括水热法、共沉淀法、溶胶-凝胶法、反向胶束法、微乳液法、水解胶体合成法、模板法等。这些方法都各有优点，然而它们的反应大都采用至少一种可溶性的无机盐类(或有机金属盐类)，在特定的条件，通常在有酸(或碱)、配体等添加剂的参与下进行。这样在实现了对产物的形貌、晶型的调控的同时，不可避免地要产生大量的副产物，虽然有些副产物可以通过一定的处理后再利用(这样做会消耗大量的能量),但是余下的部分将流入环境而加重环境的负担,造成污染。以溶胶-凝胶法制备稀土钒酸盐为例,反应主要包括以下步骤:① 反应的前驱体通常采用可溶性的稀土盐(通常是硝酸盐,氯化物)和偏钒酸钠(或钒酸钠,偏钒酸铵等)为钒源;② 加入高浓度的硝酸和有机配体形成溶液,再添加胶联剂均匀混合;③ 通过一定的方式进行缩聚,形成凝胶;④ 除去凝胶有机组分,得到目标产物。在这个过程中,要消耗无机盐、配体和有机胶联物,产生非必要的硝酸盐和钠盐及有机废物,如果通过高温去除有机组分的话,还将产生二氧化碳、氮化物或氯化物等大气污染物,同时消耗更多的能量。再如王等人[195]利用硝酸溶解稀土氧化物和硼酸后再蒸干,干燥后的样品经300℃水热过程后得到 $Gd_{0.95}Eu_{0.05}BO_3$ 亚微米结构材料(图1-6)。在这个过程中使用了硝酸,会对环境造成很大的污染。由于能源和环境的问题日益受到各国的重视,材料的制备必然要低能耗,低污染,甚至无污染的方向转变。如今不少科研工作者正向这个方向努力地探索着,也取得了可喜的成绩:如 Erdei 等[103]开发了水解胶体反应方法,此方法实现了直接利用稀土氧化物和五氧化二钒、五氧化二磷为前驱体,在低于100℃的情况下合成相应的钒酸盐和磷酸盐。然而这个方法依然存在不足,如操作过程复杂、反应时间较长、产物的结晶度差、颗粒大小和形貌不易控制等。

1.4 课题的提出、理论基础及研究内容

1.4.1 课题的提出和理论基础

从上述可知,纳米稀土含氧酸盐的制备是个充满活力的研究课题,尽管开发出许多很有价值的制备方法,但还有不少工作要做:如何提高元素利用率(即提高原子效率),减少副产物的产生和能量的消耗,如何对产物

的晶型、形貌和尺度大小进行人性化设计和组装，以及如何使实验室产物的工业化等。如果能开发出运用氧化物直接做为稀土含氧酸盐的反应原料，在相对较低的温度（小于300℃反应）的情况下，制备出目标产物的方法将是一种较为理想的选择。

尝试借助水热法来实现此目标和设想。水热反应的介质是液体，随着温度的提高，液体分子的动能将增加、分子运动加剧、平均自由程增加、扩散速度增加。在液体分子的驱动下，反应原料颗粒的运动也将加快，颗粒间的碰撞摩擦加剧，使得颗粒不断的粒度减少、反号离子间相互渗透扩散的速度加快；随着颗粒的粒度减少，样品的表面积和表面自由能迅速增大，增强了反应活性；这个过程与球磨过程中的微球带动颗粒扩散过程相似。水热反应介质，在一定的温度和压力下，溶剂分子和反应原料粒子及产物粒子之间要发生摩擦和碰撞，可以把这些微粒看作一个个的微球，是一种自身球磨过程（Self-milling process）。这种过程的最明显的优点是不会引入外来杂质，反应物混合得更充分、更均匀。随着粒子的减少，粒子的表面能会迅速增大，小的粒子容易和周围的水分子结合，形成稳定的水合粒子，这个过程为水合过程（Hydrating process）。这些水合粒子的形成降低了小粒子的表面能，抑制小粒子重新团聚产生聚合效应，增加了小颗粒的稳定性。基于上述分析，我们认为：既然水热反应体系能够促进物质的扩散，那么，水热反应的原料也可以选用难溶性的氧化物作为反应的前驱体实现目标反应。我们称这种方法为固相水热法（Solid-phase hydrothermal method，S－HT）或氧化物-水热合成法（Oxides-Hydrothermal Synthesis，O－HT）。

氧化物-水热合成法（O－HT）是指直接利用难溶的氧化物作为反应的前驱体，以密闭的反应釜为反应容器，在适当的温度、反应时间、反应过程中的自生压力下，制备出目标产物的方法。对于以水为溶剂的水热体系来说，水溶剂至少起到以下三个方面的作用：① 通过分子运动，实现物质和能量的高速传递。在密闭的水热环境下，水的流动受到温度和饱和蒸汽压的共同作用，使物质和能量交换的更快、更充分。② 和物质发生相互作用，改变物质的表面特征，降低反应的活化能，使反应更容易发生。水分子具有很强的极性，且随着温度的升高，水的离子积系数增大，即在温度较高的情况下，水可以提供更多的 H^+ 和 OH^- 离子。反应物的表面在水分子、H^+ 和 OH^- 的作用下，会形成更多的水合粒子和一些极性较强的氢氧键，这种粒子的形成，可以促进反应物质的溶解和分散。在一定程度上类似于可溶性的溶质的溶解过程。在这种情况下物质粒子的反应就类似于溶液中的粒子的反应，从而降低了固态物质间反应的能量壁垒，促进了反应的发生。③ 物质结晶过程有更大的自由度，可以促进物质形成特定的形貌。在固态反应中，反应产生的晶核移动的自由度很少，产物的结晶基本上是通过原位结晶的方式进行，得到的晶体不具有理想的形貌。而在水溶剂中，产物晶核的自由度较大，既可以原位成核，也可以异相成核。在晶体的生长过程中，这些晶核可以在产物晶体的内在驱动下进行组装，或在外加调节剂的作用下受迫组装成不同晶型和形貌的产物。

1.4.2 课题的研究内容

这种方法具有以下明显的优点：① 反应温度一般低于 300℃，较常规固态反应低得多；② 反应不会引入不必要的杂质；③ 操作步骤简化，常规的固态反应需要多个程序，而这种方法只需要一步就能得到目标产物；④ 能够实现对产物的晶型和形貌进行调控，克服了常规固相法无法对产物的形貌进行调控的缺点；⑤ 不产生副产物，低能耗。如果这种合成途径能够得以顺利实现，它将是对水热法的有益拓展，为水热法的发展和应用增加一枚重要砝码。

本书拟以合成稀土类无机含氧酸盐纳米材料为目标，详细考察氧化物水热合成法在合成不同化合物时的可行性和适应性；详细考察反应温度、反应时间、反应体系中的填充度、添加剂、体系的pH值对产物及O-HT系统的影响;产物的光学性能研究,以考察氧化物水热合成法的应用的前景。

(1) 稀土类钒酸盐纳米材料的合成,以稀土氧化物和五氧化二钒为原料,直接通过水热途径,在条件温度、时间的条件下,考查氧化物-水热合成途径的可行性。

(2) 探索合成条件对产物的影响,考察氧化物-水热法在合成系列稀土钒酸盐纳米材料的适用性,研究反应发生机理。

(3) 稀土硼酸盐纳米材料的合成,在前面实验顺利实现的基础上,把氧化物-水热合成法拓展到稀土硼酸盐的合成上,以稀土氧化物和三氧化二硼为原料,制备稀土硼酸盐纳米材料。

(4) 探索利用氧化物-水热法合成系列稀土硼酸盐的适用范围、反应条件、反应机理以及获得产物结构的变化规律与合成条件的关系。

(5) 合成稀土磷酸盐纳米材料,以稀土氧化物和五氧化二磷(或磷酸)为原料,利用氧化物水热法合成稀土元素系列磷酸盐。

(6) 探讨利用氧化物水热合成法合成系列稀土磷酸盐时的反应的条件和适应性及反应的机理。

通过上述体系的研究,能够展示出氧化物-水热合成法的广泛的适用性,为O-HT合成路线的进一步应用打下基础。

第2章 稀土钒酸盐纳米材料的构筑及荧光性能

2.1 引　言

稀土类钒酸盐作为重要的材料因具有广阔的应用前景，而吸引众多科学的视线，得到极大的重视。每年都有数十篇关于制备高纯度的单稀土组分的稀土钒酸盐和稀土掺杂的钒酸盐，以及它们的相关性质方面的文章在国际重要刊物上发表。目前已经报道的钒酸稀土盐的用途主要包括[104-107,140,141,159]：光学双折射晶体材料、激光/荧光基质材料、催化氧化催化剂和荧光材料等。

稀土钒酸盐晶体主要有四方晶系和单斜晶系两种晶体类型[108-110]。通常情况下获得的晶体具有如下规律：随着稀土离子半径的增加，单斜晶系更趋于稳定。相反地，随着离子半径的减小，四方晶系是产物晶体形成的首选，甚至这种物质仅有四方晶系一种晶体类型。基于上述规律，镧离子在稀土元素中拥有最大的离子半径，在通常条件下，得到的晶体属于单斜晶系的钒酸镧，而很难获得四方晶系钒酸镧。换句话说，单斜晶系的钒酸镧要比四方晶系的钒酸镧更容易形成，也更稳定。根据在晶体形成过程的晶型趋向，可以把晶体类型分为晶体的热力学稳定态和热力学非稳定态。

热力学稳定态是指在通常情况下，物质在形成晶体或晶体发育过程中优先选择的晶体构型；相反地，热力学非稳定态指在通常情况下不能形成，而是在特殊环境中产生，且可以稳定存在的晶体类型。对于钒酸镧的两种物相来说，单斜晶型属于热力学稳定态，而四方晶型则属于热力学非稳定态。除镧以外的稀土元素的钒酸盐则是四方形为热力学稳定态，且大多数只有四方相一种物相。

大量的研究表明，四方相的稀土钒酸盐的性能明显优于单斜相的钒酸盐[111-112]。钒酸钇晶体为四方晶体，结构与锆英石非常相近，属单轴晶系，晶体空间群为 $D_{4h}19$，掺杂离子可替换部分的 Y^{3+} 离子点的对称性为 D_{2d}。它有很好的机械性能和化学稳定性，并有高的激光损伤阈值。钒酸钇是高双折射单轴晶体，在 400～5 000 nm 的光谱范围内均有高度的光学透明性。早在 20 世纪 60 年代，人们就认识到钒酸钇晶体作为荧光体、偏振器和激光基质材料的可能性，并开始了对稀土离子掺杂 YVO_4 晶体的研究。研究表明 Nd：YVO_4 晶体有很高的斜率效率，所需的阈值功率仅为 Nd：YAG 的二分之一，而且 Nd：YVO_4 在 1.06 μm 处的受激发射截面约为 Nd：YAG 的 4 倍，另外 Nd：YVO_4 激光器在 1.44 μm 波长处的激光截面也比 1.32 μm 处的 Nd：YAG 的大 18 倍，这些都是 Nd：YVO_4 作为激光晶体明显优于 Nd：YAG 之处。对于钒酸镧来说，这种不同晶型所决定的不同性质的更为直接，也更有说服力[113-117]。已有许多文献证实，四方相的 $LaVO_4$ 在光性能上远远优于单斜相的钒酸镧。比如四方相的钒酸镧可以作为优良的荧光基底材料，而用单斜相的钒酸镧做基底时，其荧光性能要低得多，甚至是一两个数量级。所以，有选择的合成不同晶体类型的钒酸盐是非常必要的，其合成路径的筛选是很重要的研究课题之一。

稀土钒酸盐晶体的性能优越性广泛吸引了众多学者的兴趣，人们对如何获得各种类型的这类晶体作了大量的研究，从中摸索出了多种方法和合成路线。其中，对于块体（大块晶体）的合成方法主要有[118,119,142-144,158]：高温固相合成法、区域熔炼法、水热结晶法和溶液结晶法；对于粉体（小晶粒或纳米级晶粒）的合成方法主要有[120-122,147-149]：等离子溅射法、化学气相沉积法、原位共沉淀法、球磨法、溶胶凝胶法和水热法，等等。这些方法有各自的优势，也各有缺点。譬如：高温固相合成法的优点在于适合大规模的工业化生产，可以选用廉价的氧化物或碳酸盐为原料；缺点则是能量浪费大和设备要求高，易形成孪晶和包晶导致产物的多种晶格缺陷，易形成不等化学剂量比的产物，导致产物的质量下降。等离子溅射法对设备的要求更高，对操作者的技能要求高、生产成本大，不利于工业化应用；但是它可以控制产物的生成速度、粒径甚至形貌，可以获得较为均一的产物。水热法是生长晶体较为常用的一种溶液合成途径，在很久之前就被广泛的应用。通过近几十年更广泛和深入的研究，水热合成法已经发展成为一门比较完备的合成体系，并形成了一些重要理论[123-125,145,150,151,153]。由于水热合成法具有反应条件较为温和、产物的结晶度和均一性较好、反应条件容易控制及产物的粒度可控等优点，目前水热法已经广泛应用于合成纳米晶体、分子筛、单晶体。然而，在我们的调研中发现，利用水热法合成稀土钒酸盐纳米材料的报道并不多，且都是利用可溶性的稀土盐类和钒酸盐为反应的前驱体。这种利用盐作为前驱体的水热结晶法是传统和常用的方法，其水热的目的主要是提高产物的结晶度和在受限的条件下获得不同形貌的产物。能不能直接利用常温下难溶于水的氧化物直接作为反应前驱体来实现此类反应引起了我们的兴趣：因为如果反应可以实现，这不仅开创了一条新的、绿色的制备稀土类钒酸盐的水热途径，还丰富了经典的水热合成理论，而且有可能拓展到合成其他类型的稀土盐类；反过来，如果不能成立，也可为以后的研究积累经验。

为了论证实验的可行性，查阅大量的资料，其中，Erdei 等人[126,152]的研究的在高能球磨下的 HCR（hydrolyzed colloid reaction）技术让我受益匪浅。他们的实验步骤主要包括：五氧化二钒和氧化钇在少量水存在的条件下进行高能球磨后形成胶体，胶体再加水水解。虽然合成路线繁琐，但是却给了我一个启示：稀土氧化物和五氧化二钒在有水存在的条件下可以反应。氧化物块体在球磨的作用下颗粒逐渐变小，随着颗粒的变小，其表面积和表面能迅速增加，粒子的化学活性迅速增大，在水环境下形成产物。两种氧化物放在水热环境时，水处于亚临界状态，整个反应器内充满着水，在水分子的高速无规则的热运动和碰撞中，原料氧化物将会发生不断的受迫运动，彼此间会不断地摩擦，类似于球磨过程中的无数小球间的相互作用，我们称此过程为自身球磨过程(Self-Milling Procedure, SM)。通过自身球磨过程，氧化物粒子的粒径不断地降低，氧化物粒子的表面能会剧烈增加，反应将可能发生。

本章详细演示了氧化物水热合成法在以氧化物为前驱体直接合成稀土钒酸盐的适用性；利用 X 射线粉末衍射仪、红外光谱仪、透射电镜、扫描电镜、紫外可见光分光光度计、紫外可见光荧光光谱仪和热重差热分析仪等仪器对所获得的产物进行了理化表征；展示了所合成产物的晶体类型、形貌、粒度大小及理化性质。

2.2　试剂及仪器

所用的化学试剂皆购于上海国药集团：氧化镧(99.99%)、氧化钕(4N)、氧化钐(4N)、氧化钇(99.9%)、氧化铕(99.9%)、氧化钆(4N)、硝酸(分析纯 65%)、乙二胺四乙酸二钠盐(EDTA)(99%)和五氧化二钒(99.5%)。

在试验过程和产物测试中所用到的设备和仪器如表 2-1 所列。

表 2-1 试验中所用设备和表征仪器

名　称	型　号	产　地
X 射线粉末衍射仪(XRD)	Bruker AXS, D8 Focus	德国 耐驰公司
傅立叶红外转变波谱仪(FTIR)	NEXUS FT72	美国 热电公司
差热分析仪(TG/DSC)	Netzsch STA 409PC	德国 塞尔普
扫描电子显微镜(SEM)	Philip XL30	荷兰 埃因霍恩
透射电子显微镜(TEM & HRTEM & SAED)	JEOL JEM-2010	日本 东京
紫外可见漫反射	BWS003	美国必达泰克公司
紫外可见分光光度计	Agilent 8453	美国安捷伦公司
荧光光谱仪	LS-55	美国珀金埃尔默公司
不锈钢的高压反应釜	10 mL (聚四氟乙烯内胆)	上海依艺公司
数字控温恒温干燥箱	DHG-9023A	上海一恒科技
超声波清洗器	舒美 KQ218	昆山市超声仪器有限公司
离心分离器	80-1	上海手术器械厂
电子分析天平	FA2104N	上海优浦科学仪器有限公司
箱式电阻炉	SX2-2.5-10-Ⅱ	杭州雷琪实验器材有限公司

2.3 实验方法

我们随机选取了几种稀土氧化物作为考察对象，验证实验方案的可行性。

2.3.1 单组分稀土钒酸盐纳米材料的制备

在实验过程中，采用常用的带有聚四氟乙烯为内胆的密闭的 10 mL

容量的水热反应釜，利用中温下水热体系的自生压力驱动物质的扩散和运动。以单斜相的钒酸镧纳米棒的合成为例，详细的反应过程如下：在洁净干燥的聚四氟乙烯容器中依次加入 1.0×10^{-4} mol 的 La_2O_3 和 1.0×10^{-4} mol 的 V_2O_5 粉末样品和 7～8 mL 水；然后把该内胆放入超声清洗器中分散 10～20 min(确保容器里的液体不溅出，容器内水量不能超过容器容积的 2/3)；取出反应釜内胆并拭掉外部水分，放入不锈钢反应釜中密闭；密闭的反应釜放入温控恒温干燥箱中(温度范围 120℃～200℃)并保持 12～24 h；反应结束后自然冷却到室温后，利用离心分离器进行分离和洗涤。用去离子水洗涤 3～5 次后，再用无水乙醇洗涤 3～4 次；在 60℃下真空干燥后即得产物。作为对比，在研究的过程中少量的硝酸溶液被加入到部分反应体系中，结果也获得单斜相的钒酸镧纳米粒子。合成四方相的钒酸镧纳米材料，采用的方法和单斜相相似，只是在反应体系中加入少量的 EDTA；制备钒酸钇、钒酸钕、钒酸钐和钒酸铈的合成过程与钒酸镧相同。

2.3.2　掺杂钒酸镧纳米粒子的合成

选择与 2.3.1 节中相同的合成路线，只不过利用 5 mol%的 Eu_2O_3 和 95 mol% La_2O_3 作稀土源，五氧化二钒的量保持不变，反应表演在 170℃并保持 24 h，即得 Eu^{3+} 掺杂单斜相钒酸镧纳米粒子；若选用与四方相的钒酸镧纳米材料的合成相同的路线，加入 5 mol%的 Eu_2O_3 和 95 mol% La_2O_3 的稀土源，反应维持在 170℃下 24 h，即得 Eu^{3+} 掺杂四方相钒酸镧纳米粒子。

选择与 2.3.1 节中相同的合成路线，利用 5 mol%的 Nd_2O_3 和 95 mol% Y_2O_3 作稀土源，五氧化二钒的量保持不变，在 170℃并保持 24 h，即得 Nd^{3+} 掺杂四方相钒酸钇纳米粒子。

2.4 产物的表征

对获得的产物进行一系列的理化表征。选用德国布鲁克公司出品的装配有石墨单色滤光片的 Cu K_α 射线源（$\lambda=1.540\ 56$ Å）X 射线粉末衍射仪（XRD）确定产物的晶型和纯度，实验中，采用的扫描的速率为 $0.02°s^{-1}$，扫描的 2θ 角范围 10°～70°，操作电压和电流分别是 40 kV 和 40 mA，利用粉末衍射分析软件 Jade(5.0 版）进行采集和计算晶体的晶胞参数和晶面指标。样品的 FTIR 数据通过美国尼高利公司产的傅里叶红外转变波谱仪采集，此设备装备有 TGS/PE 探测器和单晶硅光束分离器，具有 1 cm^{-1} 的分辨率，表征样品采用溴化钾压片法制样。利用荷兰飞利浦公司出品的扫描电镜观察和获得样品的微观外部形貌，扫描电镜在加速电压为 20 kV，真空度为 10^{-4} Pa 的条件下进行。样品的微观结构和形貌利用日本理学的透射电子显微镜（高分辨透射显微镜）获得，该仪器装备有选区电子衍射仪和光电子能谱仪，选用的加速电压为 200 kV。产物的热稳定性和含水量选用德国耐驰公司的热重差热测量仪进行测定，温度范围从 40℃～1 000℃，升温速率 20℃/min。样品的紫外-可见吸收性能由紫外可见漫反射或紫外分光光度计测定。常温荧光光谱用美国埃克莫公司的 LS－55 测定，以氙灯为光源。

2.5 结果与讨论

2.5.1 产物的 X 射线粉末衍射结果及分析

1. 钒酸镧纳米材料的 XRD 结果及分析

图 2－1 展示了在 170℃并保持 24 h 的反应在不同物料条件下获得的

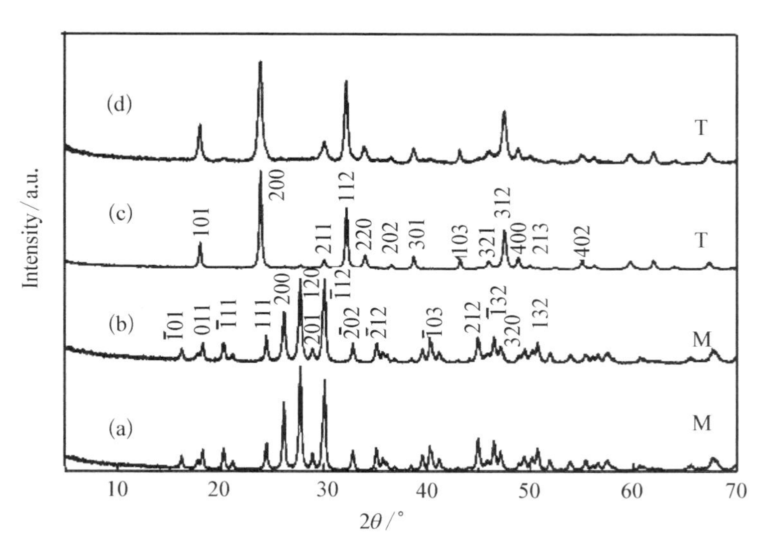

图 2-1　在 170℃ 反应 24 小时所获得的不同的钒酸镧样品的 XRD 谱

钒酸镧产物的 XRD 图谱。从图 2-1(a)、(b)中可以看出，在有无硝酸存在的条件，获得产物的晶体类型是一致的，通过检索发现产物的谱图和国际标准谱图库(JCPDS)中的纯单斜晶系钒酸镧(m-$LaVO_4$)的谱型完全一致，卡号为 70-0216，属于简单晶格，空间群 P_{21}/n(14)。通过计算其晶格参数为：a=7.047 Å，b=7.286 Å，c=6.725 Å，β=104.85°。这两张谱图证实 m-$LaVO_4$ 可以通过便利的氧化物-水热合成路线获得，也就是说，利用难溶于水的稀土氧化物和五氧化二钒为直接为前驱体，在没有任何的添加剂或辅助容积的情况下，通过水热过程在适当的条件同样可以获得相应的盐类，而硝酸的添加与否并不能影响到产物的晶体类型。由图 2-1(c)、(d)和图 2-2(c)可以看出，当 EDTA 加入反应体系后，获得产物的粉末衍射图谱明显的不同于前面提到的单斜晶系的谱图。通过检索发现，除了含有图 2-1(c)中所示少量的 m-$LaVO_4$ 的衍射峰外，图 2-1(c)和(d)所示的晶型和标准谱图库中所列的四方晶型的(t-$LaVO_4$)基本一致，JCPDS 卡号为 32-0504，该晶体具有体心晶格，属于 $I4_1/amd$[141] 空间群。通过粉末衍射软件 Jade 计算得到样品的晶格参数为 $a=b=7.49$ Å 和 $c=6.59$ Å。

为了更全面地考察 EDTA 在反应体系中的作用做了一系列的试验，图 2-2 展示了在反应时间或不同 EDTA 浓度条件下所获得产物的 XRD 谱图。从图 2-2(a)和(b)中可以看出，EDTA 在反应起到加速反应的催化作用。当然，反应时间为 12 h 时，如果没有 EDTA 的加入，反应后所得样品的粉末衍射图谱中不仅存在目标产物 $m-LaVO_4$ 的衍射峰，还存在明显的氧化镧和五氧化二钒的衍射峰，这个结果表明反应没有进行完全；相反地，当 EDTA 加入反应中，反应后所得样品的 XRD 图谱中没有发现有两种原料的衍射峰，取而代之的是出现了 $t-LaVO_4$ 的衍射峰，并且强度大大优于 $m-LaVO_4$ 的衍射峰，这个结果表明 EDTA 具有对该反应具有催化作用。结合 EDTA 的分子结构和特性，我们认为这种催化作用应该归功于 EDTA 阴离子与 La^{3+} 离子间的强配位作用，因为在有 EDTA 二钠盐存在的时候，这种强烈的作用能促进或加速氧化镧粉末的溶解或分散到水体系中。比较图 2-1(a)和图 2-2(a)可知，反应进行 12 h 时反应没进行完全，而达到

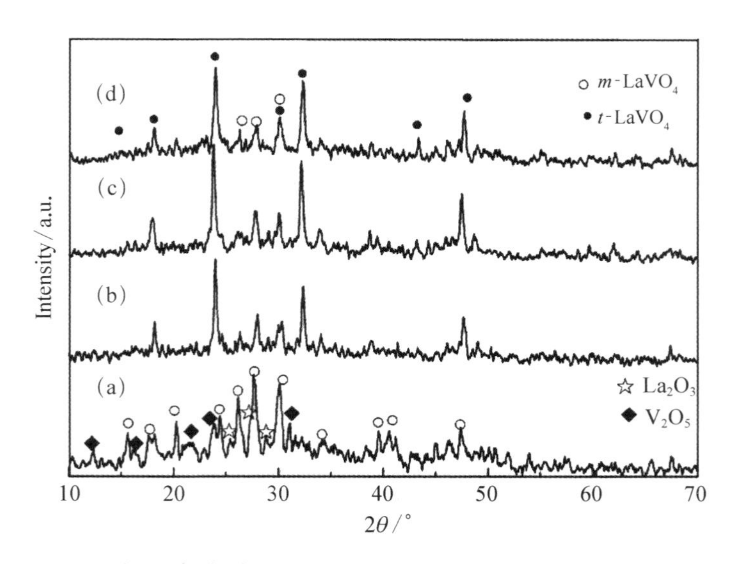

图 2-2　在 170℃ 条件下，XRD 图谱展示 EDTA 对所获得产物的影响

24 h 时不论有无硝酸的参与都可以获得纯净的 m - $LaVO_4$。因此，反应温度固定在 170℃的前提下，选择适当的反应时间是获得纯净 m - $LaVO_4$ 的必要条件。从图 2 - 2(b)和图 2 - 1(c)中可以看出，随着反应时间由 12 h 增加到 24 h，产物中的 t - $LaVO_4$ 逐渐增加到几乎 100%，同时 m - $LaVO_4$ 的含量逐渐降低至微量。这个过程中，表明从 m - $LaVO_4$ 相向 t - $LaVO_4$ 相转化的过程明显存在于该合成过程中。图 2 - 2(c)、(d)和图 2 - 1(c)和(d)展示的 XRD 谱图说明适当量的 EDTA 和硝酸对合成纯净四方相钒酸镧是非常必要的。通过上述获得样品的 XRD 数据可知，在氧化物-水热合成体系中，通过在反应体系中加入 EDTA 与否，可以选择性地获得单斜型的和四方形的钒酸镧。

2. 钒酸钇纳米材料的 XRD 结果及分析

利用 X 射线粉末衍射谱线可以较好地确定产物的结构和所属的晶体类型，图 2 - 3 列出了在氧化物-水热反应体系中，不同条件下获得的钒酸钇产物的 XRD 谱。其中，曲线(a)为在 130℃下，添加剂采用 1 M 的硝酸 0.05 mL 和 0.5×10^{-4} mol EDTA，反应时间为 48 h 得到的钒酸钇的 XRD 谱图；曲线(b)为 170℃下，不加任何添加剂，反应时间为 24 h 得到的钒酸钇的 XRD 谱图；曲线(c)为 170℃下，添加剂采用 1 M 的盐酸 0.05 mL，反应时间为 24 h 得到的钒酸钇的 XRD 谱图；曲线(d)为 170℃下，添加剂采用 1 M 的盐酸 0.05 mL 和 0.5×10^{-4} mol EDTA，反应时间为 24 h 得到的钒酸钇的 XRD 谱图；曲线(e)为 200℃下，添加剂采用 0.05 mL 1 M 的硫酸和 0.5×10^{-4} mol EDTA，反应时间为 24 h 得到的钒酸钇的 XRD 谱图。

从图中可以看出，在实验所考察的多种不同的条件下，所获得的产物的 XRD 谱图的各个峰的位置基本相同，除了部分产物的衍射峰中多出了一个用“★”标记的峰。通过对谱图进行检索发现，尽管由于粒子的小尺寸效应导致谱线宽化现象的出现，但是四方晶相 YVO_4 的衍射峰(JCPDS 76 - 1649，体心晶格，属于 I41/amd[141] 空间群)，包括(2 0 0)、(1 1 2)和

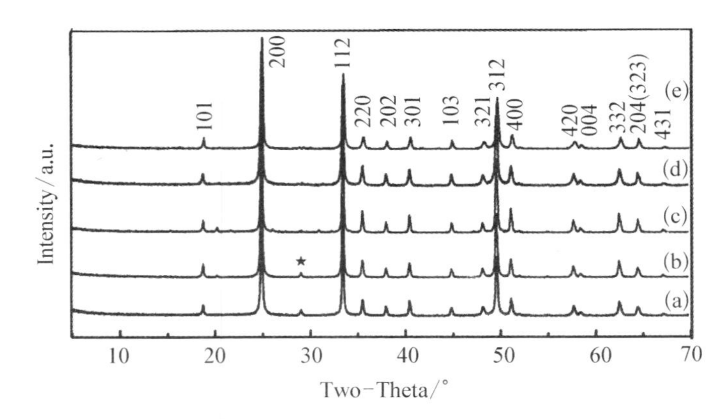

图 2-3　钒酸钇产物的 X 射线粉末衍射图谱

(3 1 2)三个晶面的三强峰(2θ=24.98°、33.52°和 49.76°)在所有谱图中均有显现,而 2θ 位于 29.12°的峰为没有反应完全的痕量 Y_2O_3 产生的杂质峰。因此,根据 X 射线粉末衍射图谱可以推断出:在温度范围为 130℃～200℃的不同的条件下,通过氧化物-水热过程可以便利的获得四方相的 YVO_4 纳米晶。经 XRD 粉末衍射分析软件 Jade 计算得出获得晶体的晶格参数为$a=b=7.123(6)$ nm 和 $c=6.293(4)$ nm,此数据与标准谱图基本一致。

图 2-3 不仅展示了目标产物的获得,还揭示了获得纯的四方相钒酸钇的条件。从图 2-3(a)、(d)和(e)三个反应的物料配比相同,只是反应时间和温度上存在差别的反应中可以看出:当反应在 130℃反应 48 h 时,所获得的产物中仍有 Y_2O_3 残留;当反应温度升高到 170℃以上且反应时间缩短到 24 h 时,所获得的产物为纯的 YVO_4 纳米晶。这个结果说明选取适当的反应温度是取得纯品的重要条件,温度越高对反应的顺利完成越有利,提高反应温度可以适当地减少反应的时间。但是,高的反应温度对设备的要求大为提高,不利于产物的生产。从图 2-3(b)中可以看出,在不加 EDTA 和硝酸,直接用 Y_2O_3 和 V_2O_5 两种氧化物为前驱体,

反应温度为170℃的条件下，在水热体系中也能顺利地获得钒酸钇晶体。比较图2-3(b)和(c)可知，少量的酸的加入有利于反应的进行，可以获得较纯的钒酸钇产物。

3. 其他几种稀土钒酸盐纳米材料的XRD结果及分析

在前面的研究基础上，随机选用几种稀土氧化物作为稀土离子源用以考察氧化物-水热合成法在制备单组分的稀土钒酸盐的适用性。图2-4列举了在加入不同类型的酸和等量的EDTA的条件下，在130℃反应48 h所获得的钒酸镧、钒酸钕和钒酸钐产物的XRD谱图。其中，曲线La为在130℃下，添加剂采用1 M的硝酸0.05 mL和0.5×10^{-4} mol EDTA，反应时间为48 h得到的钒酸镧的XRD谱图；Sm曲线为在130℃下，添加剂采用1 M的盐酸0.05 mL和0.5×10^{-4} mol EDTA，反应时间为48 h得到的钒酸钐的XRD谱图；曲线Nd为在130℃下，添加剂采用1 M的硝酸0.025 mL和0.5×10^{-4} mol EDTA，反应时间为48 h得到的钒酸钕的XRD谱图。通过检索和标准谱图对比之后可知：在该合成条件下，获得的钒酸镧为四方相和单斜相两种晶相的混合物；钒酸钕和钒酸钐产物基

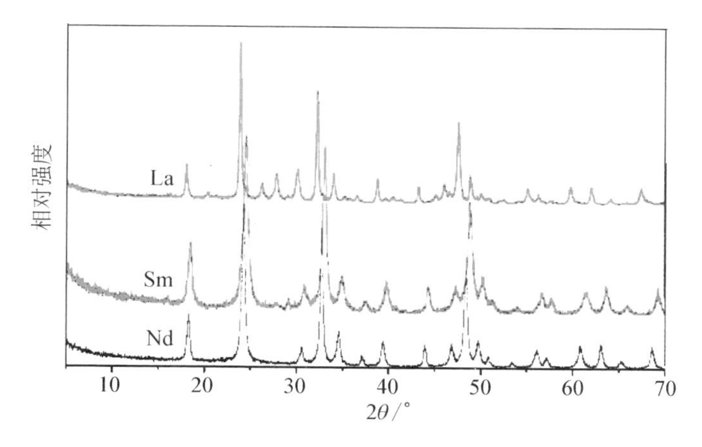

图2-4　在130℃下通过氧化物水热合成途径反应48 h得到的几种钒酸稀土的XRD谱图

本上为纯品，对应的标准图谱卡号分别为 $t-NdVO_4$（JCPDS 82－1971），$t-SmVO_4$（JCPDS 86－0994）。据此可以推测出，利用三价稀土氧化物和五氧化二钒为原料，通过氧化物水热合成途径可以实现三价稀土钒酸盐的制备。

在实现以三价稀土氧化物和五氧化二钒为原料，通过氧化物-水热合成路线制备其相应的钒酸盐的基础上，我们又尝试利用二氧化铈作为稀土离子源合成钒酸铈。图 2－5 给出在两种不同的条件下获得产物的 XRD 图谱，反应物的用量按照 CeO_2/V_2O_5 为 2，添加剂采用 1 M 的硝酸 0.05 mL 和 0.5×10^{-4} mol EDTA，其中图 2－5(a)是在 190℃反应 24 h，图 2－5(b)是在 130℃反应 48 h 后获得的。检索后得知，在两种条件所获的产物的谱图和原料 CeO_2 的基本相同（JCPDS 65－2975），而没有钒酸铈的衍射峰出现。这组实验说明，利用二氧化铈为原料通过 O－HT 路线得不到相应的三价钒酸铈盐。造成这种结果的原因一方面要归因于二氧化铈的水稳定性（极难溶）和四价铈的价态稳定性。我们亦尝试利用乙醇代替水做反应介质，结果仍然没有获得相应的产物，不过实验中却发现，反应溶液变黑，并伴有酯出现，这个要归因于二氧化铈和五氧化二钒对乙醇的催化氧化作用。

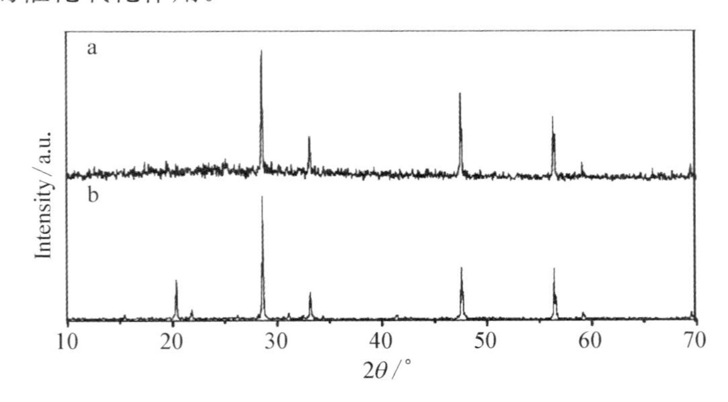

图 2－5　利用 CeO_2 为原料，通过 O－HT 路线在不同的条件下所得产物的 XRD 谱图

4. 掺杂稀土钒酸盐纳米材料的 XRD 表征及分析

图 2－6 给出了经 O－HT 路线合成的 5% Nd^{3+} 离子掺杂后的钒酸钇纳米粒子的 XRD 图谱，其中插入的图为粒子的光电子能谱。反应条件是在 170℃下，用 1.0×10^{-4} mol 的混稀土氧化物(其中 5 mol% Nd_2O_3 与 95 mol% Y_2O_3)和 1.0×10^{-4} mol V_2O_5 为反应物，加入 0.05 mL 1 M HNO_3，0.5×10^{-4} mol EDTA，反应 24 h。通过检索可知，所获得的产物和四方相的钒酸钇一致，而没有出现四方相的钒酸钕的衍射峰。插入的光电子能谱进一步证实，钕粒子进入了钒酸钇晶体的晶格。因此，通过氧化物水热合成途径不仅可以值得单组分的稀土钒酸盐，也可以制得掺杂组分的稀土钒酸盐。

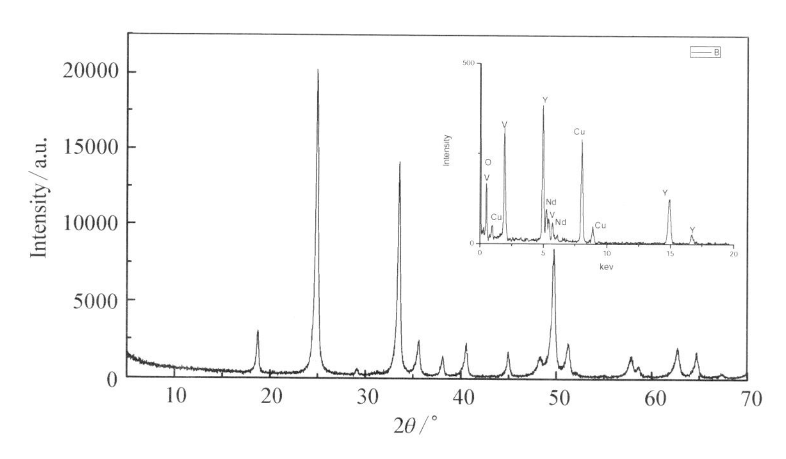

图 2－6　通过 O－HT 路线获得的 5% Nd^{3+} 离子掺杂的钒酸钇纳米粒子的 XRD 图

2.5.2　产物的 FTIR 结果及分析

傅里叶转变红外(FTIR)光谱可以用于表征物质中的原子所处的环境，不同的原子环境可能会导致其红外波谱的变化。图 2－7 展示了在不同条件下获得的 $LaVO_4$ 样品的 FTIR 谱。根据文献可知，钒酸盐中四面体 VO_4 的典型的 V—O 红外吸收振动波段在 770～850 cm^{-1} 的波数范围[127]。从图中可以看出，在 780～920 cm^{-1}的波数范围内存在有很强的红外吸收，因为样品中除了钒酸根外，不存在别的可能在这个范围有吸收的基团，因此这个范围内的吸收峰应归结于钒氧四面体的振动吸收。吸收峰的宽化现象的出现应归因于粒子尺寸的影响。另外在 450 cm^{-1}波数以下的吸收峰应归因于 La—O 间的振动吸收[113]。从图 2－7a、b 中可以看出，在单斜相的钒酸镧（m－$LaVO_4$）中，VO_4四面体的 V—O 振动的强的吸收峰劈裂成三重峰，峰位置分别在 774 cm^{-1}、819 cm^{-1}和 849 cm^{-1}。相反地，图 2－7(d)和(e)展示的四方相的钒酸镧（t－$LaVO_4$）红外谱图中显示的 VO_4四面体的 V—O 振动的强的吸收峰却是个孤立的位于 800 cm^{-1}附近的单峰。图 2－7(c)显示的是混合有 m－$LaVO_4$和 t－$LaVO_4$样品的红外波谱，比较前两者，这个谱图基本体现出混合样的特征，m－$LaVO_4$中的 V—O 三个振动吸收峰略有显现。

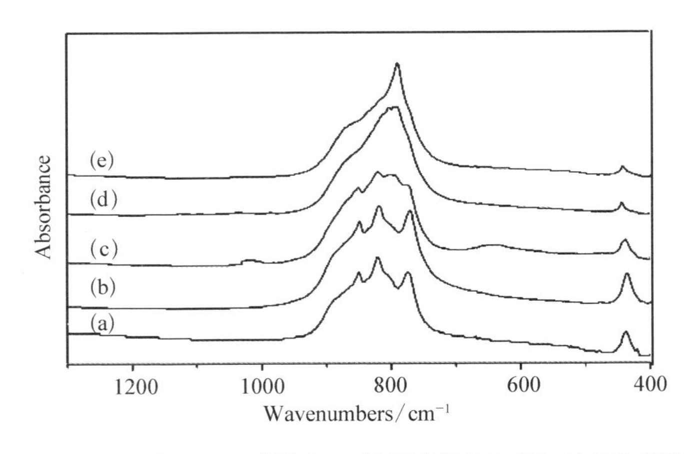

图 2－7　通过 O－HT 路线在 170℃ 下获得的 $LaVO_4$ 的红外光谱

查阅了许多资料发现，关于四方相钒酸镧和单斜相钒酸镧的红外谱图上的差异还没有报道。m－$LaVO_4$ 和 t－$LaVO_4$ 中都含有 VO_4 基团，但是却展示了不同的 V—O 振动吸收特征。由于这两种晶体属于同质多晶，结合文献数据，我们认为造成这种不同红外振动吸收的原因应归结于 VO_4 四面体处于不同的晶格环境。对于单斜相的钒酸镧来说，La^{3+} 离子具有大的离子半径，选择 9 个 O 原子配位，每个钒原子处于扭曲的钒氧四面体的中心。钒原子和四个氧原子之间的距离不是等距的，而是在 1.619 1～1.982 7 Å 之间变化；O—V—O 间的键角也不是等同的，而是在 92.55°～123.31°间变化[128]。钒氧间的距离和键角不等同导致了在扭曲的钒氧四面体中的多种振动吸收能量的产生，最终引起了在宏观水平上的红外变换吸收波谱的钒氧特征吸收峰的裂分。相反地，对于 t - $LaVO_4$ 晶体，La^{3+} 在外力的作用下被迫采用 8 氧配位，VO_4 基团为规则的以 V 为中心的钒氧四面体，钒氧间的距离和键角完全一致，这 4 个 V—O 键拥有相同的振动能量，体现出完全相同的一致的振动形式，因而在宏观上的 FTIR 谱图上就呈现单一的吸收峰。

红外波谱反映了原子间的振动特征，如果相同的原子处于不同的环境中，那么它在振动的能量上会有所差异，所以红外光谱可以探测原子所处的不同的环境。对于晶体来说，原子所处的环境不同，也就是说原子的堆积方式不同，由此会产生不同的晶格结构，从而形成不同的晶体类型。因此，可以通过测晶体的红外波谱间接的测定物质的晶相。换句话来说，就是红外波谱可以作为一个有力的辅助手段帮助人们确定样品的晶体类型。

为了验证上述的推测，我们又做了在不同条件下获得的四方相的钒酸钇的傅里叶转化红外波谱(图 2 - 8)。从图中可以看出尽管合成条件不同，但是获得的四方相钒酸钇中的 V—O 键的红外振动吸收峰都是位于在 800 cm^{-1} 附近的单峰。

2.5.3　产物的显微形貌的表征与结果分析

1. 钒酸镧样品的微观形貌及分析

虽然可以通过 X 射线粉末衍射谱线的宽化，利用谢勒公式估算出晶粒

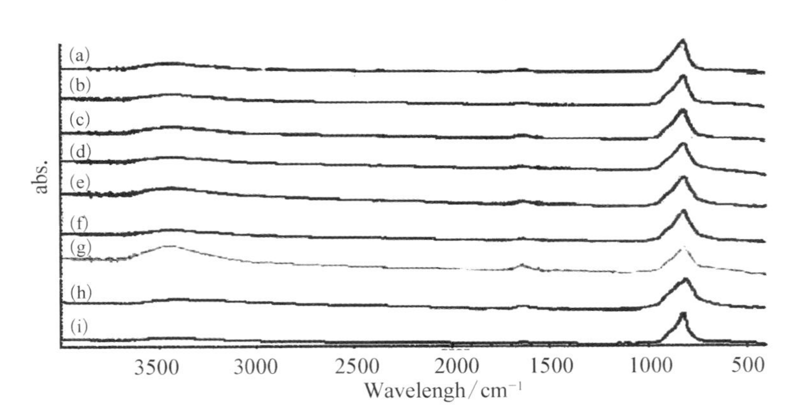

图 2-8 通过 O-HT 路线在不同条件下获得的 YVO_4 的红外光谱

的大小，但是它不能直观地展现粒子的真实的大小和形貌特征。在实验中，采用了扫描电子显微镜(SEM)和透射电子显微镜(TEM)探测产物的形貌和尺寸，产物的结构和晶体的生长情况则是利用高分辨的透射电镜(HRTEM)和选区电子衍射(SAED)进行表征。图 2-9 和图 2-10 分别展示的是在不同条件下获得的典型的钒酸镧样品的 SEM 和 TEM 谱图。从图 2-9(a)和图 2-10(a)中可以看出，通过氧化物水热合成路线，在没有任何助剂和添加剂的情况下，直接利用两种氧化物反应就可以大规模地合成棒状的纳米级晶体 m-$LaVO_4$(纳米棒)，这些棒的直径在 50～60 nm 之间，并具有多种长径比，有些纳米棒的长径比甚至超过 40。这些纳米棒的结晶状况和晶体的生长方向被形象地展示在图 2-11(a)和(b)的高分辨电子显微图片中，通过测量和分析得知获得的 m-$LaVO_4$ 纳米棒晶体的结晶度很高，晶体生长完美均一，且是沿着 c 轴方向生长。当其他条件不变，加入 0.05 mL 1 M HNO_3 于反应体系，虽然获得的产物的晶型依然是 m-$LaVO_4$，但是产物的形貌发生了明显的变化(图 2-9(b)和图 2-10(b))。尽管样品的形貌依然保持着棒状，但是它的平均尺寸和前者相比明显减小，只有 30～50 nm，同时，长径比也比前者要小得多(一般小于 15)。图 2-10(c)展示的是图 2-10(b)中标记的单根纳米棒的单晶电子衍射花纹，通过检索和

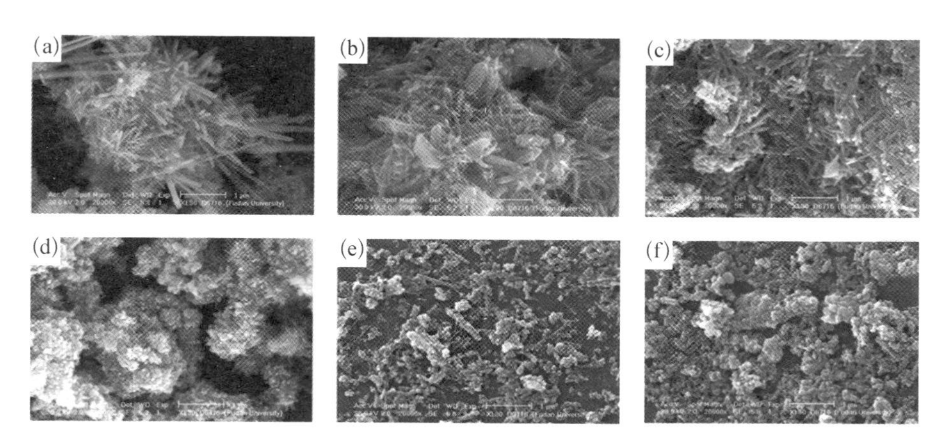

图 2-9　在不同条件下获得的 $LaVO_4$ 样品典型的 SEM 照片

计算得知，这个晶格图谱是在晶面轴上的投影[110]，同时也进一步说明获得的产物为完美的纳米单晶结构。

图 2-9(c)展示的是主体为四方相钒酸镧 $LaVO_4$ 纳米材料扫描电镜照片(该产物是在只加入 0.5×10^{-4} mol 的 EDTA，而其他条件不变的情况下获得)。从图中可以看出产物中包含纳米棒和纳米粒子两种类型，其中纳米棒沿$(1\bar{1}0)$方向生长的趋势和完美的单晶结构被图 2-11(c)和(d)中呈现的高分辨的透射电镜照片证实；这些四方相的钒酸镧纳米棒的粒径分布在 50～60 nm，长度分布在几百纳米之间。图 2-9(d)展示，当 0.5×10^{-4} mol 的 EDTA 和 0.05 mL 1 M 的 HNO_3 同时加入反应体系后，将获得比不加硝酸时更短的 t-$LaVO_4$ 纳米棒。图 2-10(d)进一步证实此时获得的产物的粒径在 30～40 nm 之间，长径比更小，通常小于 3；标记在图 2-10(d)中的纳米棒的选区电子衍射花纹(图 2-10(e))被证实是记录在晶带轴 t-$LaVO_4$ 在平面的投影[111]。标准的单晶衍射花纹和完美的高分辨电镜照片证实通过氧化物水热合成路径，在 EDTA 的协助或作用下，同样可以大规模地获得高质量的四方相钒酸镧纳米棒。

图 2-9(e)展示的是在加入硝酸的条件下反应 12 h 时得到的产物

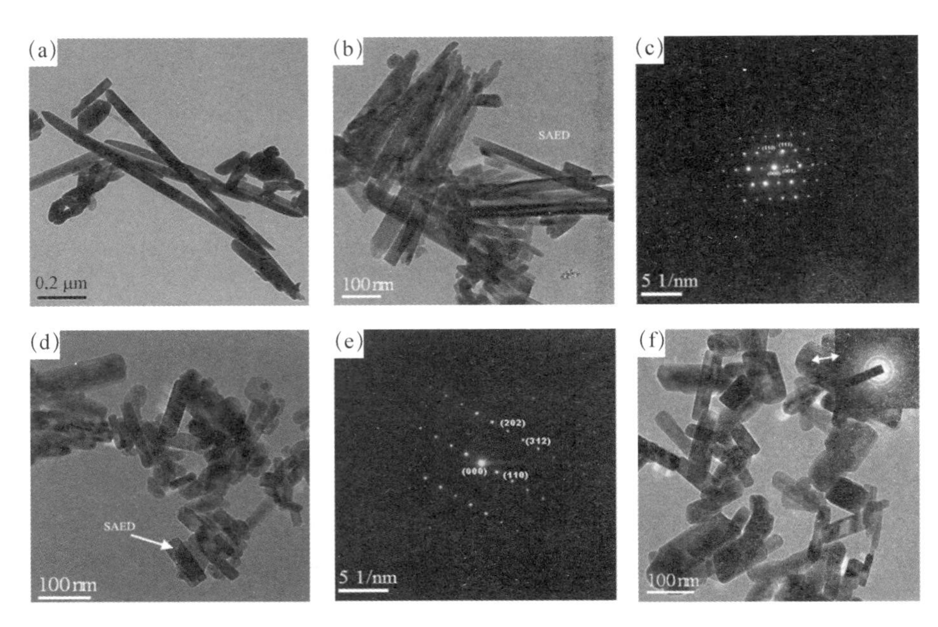

图 2-10 在不同条件下获得的 $LaVO_4$ 纳米材料典型的 TEM 照片

的扫描电镜照片，从图中可以看出，产物是由大量的不规则、大小不均的粒子构成，这样结果表明产物可能是多种物质的混合物或反应没有完全，后者经产物的 XRD 图谱和增加反应时间获得了较均匀的 m-$LaVO_4$ 纳米棒所证实。从图 2-9(f)的扫描电镜照片和图 2-10(f)透射电镜照片可以看出，在 EDTA 存在的情况下反应 12 h 时获得产物的形貌与反应 24 h 时的产物形貌基本相似，但是在 12 h 时获得的产物是 m-$LaVO_4$ 和 t-$LaVO_4$ 的混合物，同时对图 2-10(f)中指定区域的选区电子衍射(SAED)图案(图 2-10(f)中插图)证实产物的结晶度很差。通过对产物的形貌的分析可知：在不加任何助剂的条件下，可以获得高长径比的 m-$LaVO_4$ 纳米棒；在 EDTA 的作用下可以获得高质量的 t-$LaVO_4$ 纳米棒，同时改变了晶体的生长方向；少量酸的加入尽管不能改变产物的晶相结构，但是可以抑制晶体的生长，使产物的粒度和长度降低。

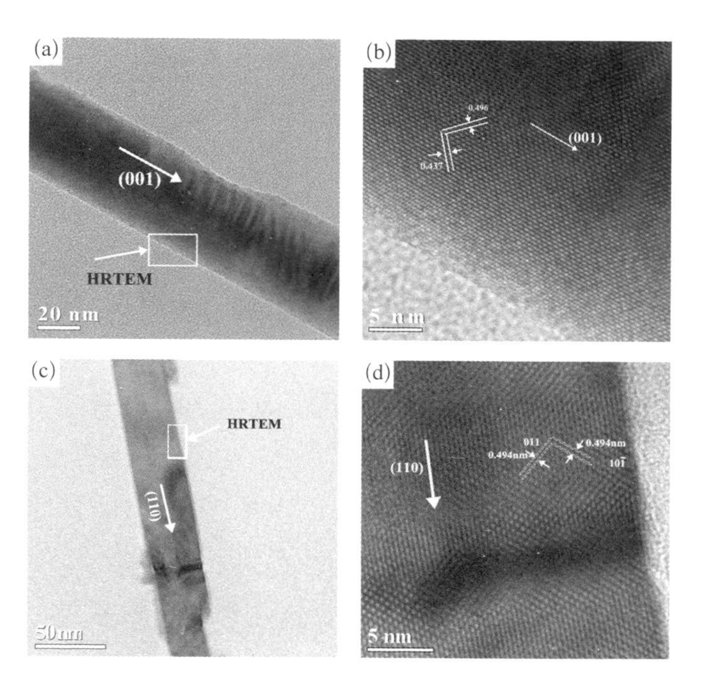

图 2-11　在 170℃ 通过 O-HT 路线反应 24 小时时获得的 *m*-和 *t*-$LaVO_4$ 的 HRTEM 照片

2. 钒酸钇样品的微观形貌及分析

利用透射电镜对在不同条件下得到的钒酸钇样品的形貌进行表征，图 2-12 展示了几幅具有代表性产物的图片。从图中可以看出，所合成的钒酸钇样品的形貌随着制备条件的变化而变化。图 2-12(a)、(b)显示：直接利用 V_2O_5 和 Y_2O_3 为前驱体，没有任何助剂的条件下，经氧化物-水热合成路线在 170℃反应 24 h，可以获得精细规则的多面体外形基本均一的纳米粒子，粒子的粒径小于 100 nm。当 0.5×10^{-4} mol 的 EDTA 和 0.05 mL 1 M 的 HNO_3 加入反应体系，其他条件和空白实验相同时，图 2-12(c)、(d)显示产物的外形和尺寸都产生了很大的变化，原来纳米粒子转化为 1-D 的纳米棒、纳米棒束和少量的纳米粒子，纳米棒的粒径在 70～80 nm 之间，长径比可以达到 15。

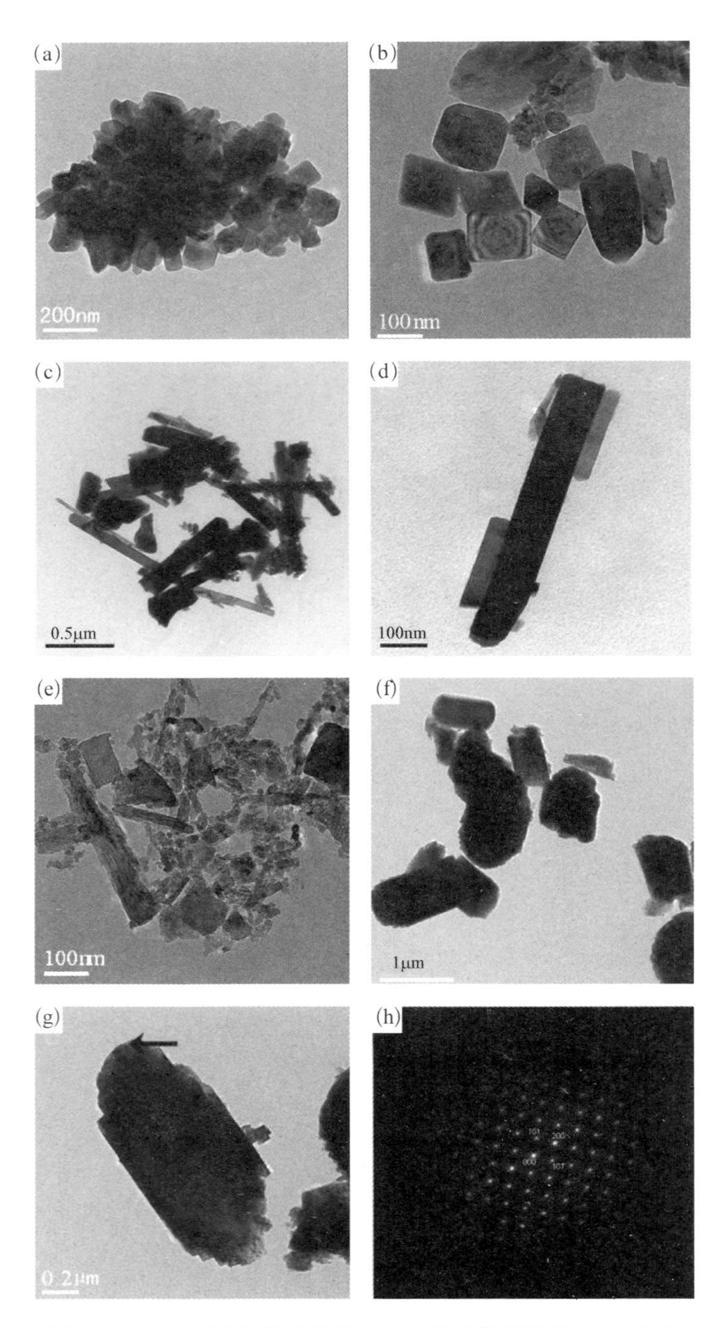

图 2-12　在不同条件下获得 YVO_4 样品的典型的 TEM 照片

图 2-12(f)和(g)证实，当 EDTA 的量增加到 1.0×10^{-4} mol 时，产物的粒径将增加到 100 nm 以上，选区电子衍射的精美点阵图谱表明产物具有完美的单晶结构。从上述结果，可以推断出 EDTA 的功能不仅在于它能与 Y^{3+} 离子形成配合离子促进反应进行上，还体现出能够改变晶体的异性生长方面。粒子的尺寸和形状直接和 EDTA 的加入量有关，有了 EDTA，产物将由规则的纳米粒子转化为高长径比的纳米棒或准纳米棒束。这个结果表明，可以通过在反应体系中加入少量的添加剂用于调节钒酸钇纳米材料的形貌和粒度。实验中，实验和温度对产物的获得和粒子的生长也有着重要的影响。从反应 12 h 获得的产物(反应条件同图 2-12(c)和(d))的 TEM 照片(图 2-12(e))上可以看出，产物是有不规则形貌的和结晶度较差的粒度在几十纳米的粒子构成，因而选择适当的反应时间和反应温度是获得完美的钒酸钇纳米晶体是关键的一环。

3. 其他单组分和掺杂组分稀土钒酸盐纳米材料样品的微观形貌及分析

在合成上述三种产物的基础上，我们随机选取了一些稀土氧化物为考察对象，进一步考察氧化物水热合成路线在制备纳米级稀土钒酸盐适用范围。通过 XRD 表征可知，二氧化铈为铈离子源的时候，得不到目标产物，因而就没有对其形貌进行表征。图 2-13 列举了具有代表性的几种产物的微观形貌，其中(a)、(b)是经 O-HT 路线在 170℃反应 24 h 分别得到的 5 mol% Eu^{3+} 掺杂的 m-和 t-$LaVO_4$，直接采用 Eu_2O_3、La_2O_3 和 V_2O_5 作为制备 5% Eu^{3+} 掺杂的 m-$LaVO_4$ 原料，反应中不加任何酸或添加剂，制备后者时，反应原料和条件相同，只是体系中加入了一定量的 EDTA。从图 2-13(a)、(b)可以看出，所获得的产物为比较均一的纳米粒子，粒径约为 40～60 nm 的短棒或小球，而我们在同样的条件下，如果不用 Eu_2O_3 代替部分 La_2O_3 时，获得的却是长径比较大的、大粒径的纳米长棒(图 2-9(a)、(c))。由于反应条件完全相同，所以产生上述形貌上的差异应归功于

图 2-13　5% Eu^{3+} 分别掺杂的 *m*-和 *t*-$LaVO_4$,SEM 照片;在不同条件下获得的稀土钒酸盐纳米材料和 5% Nd^{3+} 掺杂的 YVO_4 纳米材料的 TEM 照片

粒子掺杂,也就是说,通过粒子掺杂,可以导致产物的形貌的变化。这种现象还没有得到广泛的注意,在文献中鲜有报道。

图 2-13(c)中展示的是在 170℃反应 24 h,利用 Nd_2O_3 和 V_2O_5 为原料,在 0.05 mL 1 M 的 HNO_3, 0.5×10^{-4} mol 的 EDTA 作用下,通过 O-HT 路线合成的 $NdVO_4$ 纳米棒,棒的粒径 15～20 nm、长度在 70～130 nm 间变化。图 2-13(d)中展现的是在和图 2-13(c)相同的条件下,用 Sm_2O_3 和 V_2O_5 为原料合成的 $SmVO_4$ 纳米短棒,棒的粒径为 20～40 nm,长径比通常小于 5。在 170℃反应 24 h 下获得的 Nd^{3+} 掺杂的钒酸钇纳米粒子展示在图 2-13(e)中,从图中可以看出,这种材料结晶度较差,显示为多晶状态,我们认为这可能是由许多小的纳米颗粒聚集所导致的结果,这一点我们从 XRD 中所示的半峰宽,通过谢乐公式($B=0.89\lambda/D_{hkl}\cdot\cos\theta$)计算得出的粒子的直径为29.8 nm得到证实。通过对产物的 XRD,FTIR 和电镜

的分析后，我们可以得知利用氧化物直接为原料，通过氧化物-水热合成路线可以合成多数稀土钒酸盐，特别是三价稀土离子钒酸盐的合成。不仅如此，还可以合成掺杂稀土钒酸盐。

2.5.4　产物的光学性质研究

1. 钒酸镧纳米棒的紫外-可见光吸收光谱分析

由于纳米粒子的小尺寸效应常常会导致物质的光吸收带发生移动，因而在实验中我们选取了钒酸镧产物作为代表考察所合成的稀土钒酸盐纳米材料有没有显示光吸收变化的特征。图 2 - 14 展示的是通过氧化物水热合成路线得到的 m - $LaVO_4$ 和 t - $LaVO_4$ 纳米棒的紫外吸收光谱和通过固相合成路线在 800℃下反应 12 h 得到的块体 m - $LaVO_4$ 的紫外吸收光谱。从图中可以看出，在紫外区，m - $LaVO_4$ 纳米棒在 234 nm 和 284 nm 处有两个明显的吸收峰；t - $LaVO_4$ 纳米棒的吸收峰则出现在 242 nm 和 316 nm；块体 m - $LaVO_4$ 的吸收峰出现在 275 nm 和 361 nm。通过比较可知，纳米

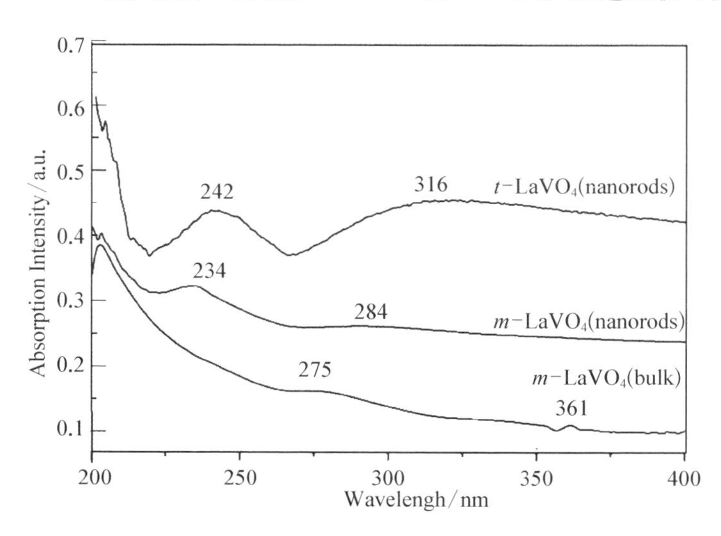

图 2 - 14　在 170℃ 下经 O - HT 路线获得的 $LaVO_4$ 纳米材料和其经固相反应获得的 m - $LaVO_4$ 块体材料的紫外可见吸收性能比较

级钒酸镧的紫外吸收峰都显示出不同程度的蓝移现象，这归因于纳米粒子的小尺寸效应(宏观量子尺寸效应)；比较两种不同晶相纳米棒的紫外吸收特征时，可知 $t-LaVO_4$ 纳米棒展现出比单斜相更强的、更宽的紫外吸收强度，这个结果可能有助于间接的解释四方相的钒酸镧在光学和催化方面优于单斜相的钒酸镧。

2. 钒酸钇的室温光致荧光性能

钒酸钇作为优良的发光基质原料已经引起广泛的兴趣和关注。但是到目前为止，还没有发现有关钒酸钇纳米晶体本体的荧光性能的研究报道，造成这种现象的原因可能归因于块体钒酸钇仅具有很弱的荧光性能，而导致块体发光效率差的原因是块体中 VO_4^{3-} 离子间的浓度猝灭现象。在我们的调研中，首次展示了钒酸钇纳米级晶粒的荧光特征，并发现合成条件影响对产物的荧光特征有明显的影响。

在 254 nm 和 284 nm 紫外光激发下，不同条件下所合成的钒酸钇样品的荧光发射光谱分别展示在图 2－15(a)、(b)中。从图中可以看出，不论反应条件变化与否，在同一个激发光的激发下，样品的发射峰的位置基本相似，如：在 254 nm 的紫外光激发下，样品的发射峰都位于 330 nm 和 606 nm(图 2－15(a))；而在 284 nm 的紫外光激发下，所有样品的发射峰都出现在 336 nm、590 nm 和 650 nm 处(图 2－15(b))。以最高发射峰的强度和次高发射强度的比值作为比较依据的相对发光强度标记在各谱线的右边。

从图中可以看出，当 0.05 mL 1 M 的 HNO_3 和 0.5×10^{-4} mol 的 EDTA 加入反应时，随着反应时间的延长，位于 570～700 nm 橙红区间的相对荧光发射强度逐渐降低、在紫外区的荧光强度明显增强，同时，在 380 nm、420 nm 和 421 nm 处的三个弱发射峰逐渐消失。这个结果应该归因于产物的形貌和晶体的结晶状况。合成条件的改变造成产物的形貌和晶体的结晶状况的差异已经被前面的 XRD 和 TEM 所证实。尽管合成条

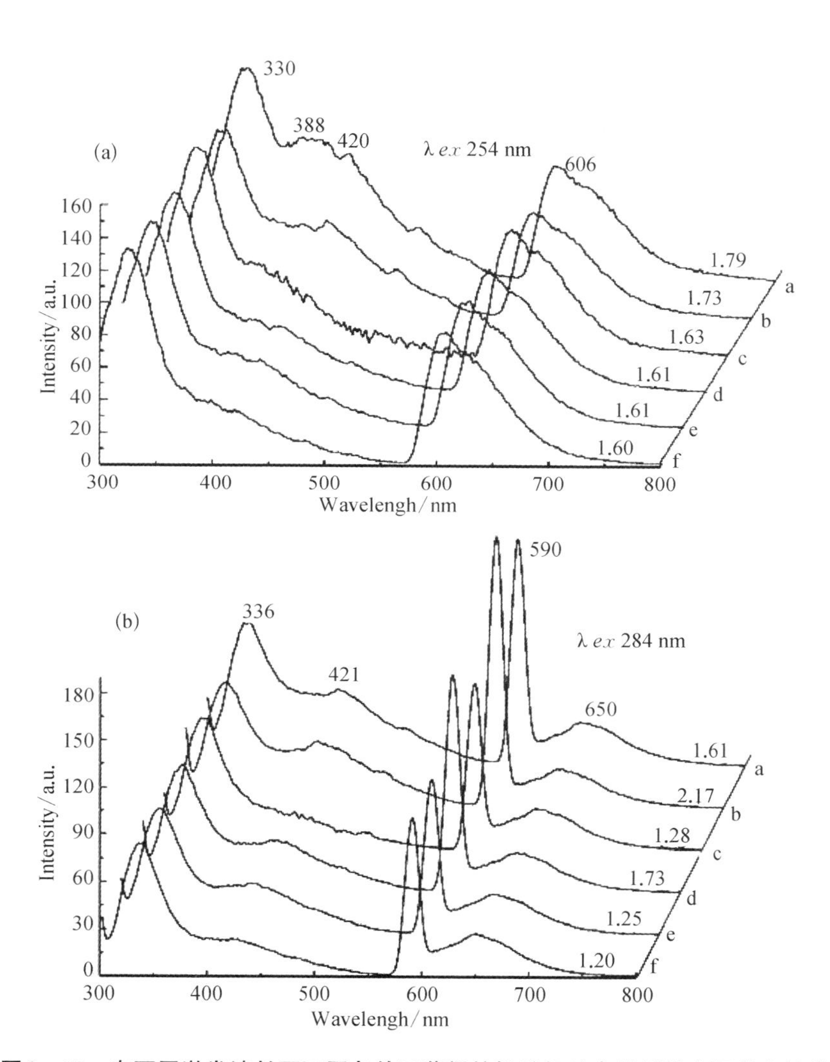

图2-15　在不同激发波长下不同条件下获得的钒酸钇纳米材料的室温荧光性能

件有所差异,但是产物的构成和晶型是一致的,因而产物的光致发光峰位应该保持一致。然而,不同的合成条件会改变晶体的生长环境,从而导致各种各样的晶体形状,产生不同的晶格缺陷,进而产生了不同的荧光发射强度。从获得产物的XRD和TEM数据可得,产物的晶化度和产物的形貌尺寸受如下几个方面控制:酸和EDTA的加入量、反应时间和温度。从反应的结果看，EDTA 的加入可以改变产物的形貌和降低晶体的晶格缺陷。随着反应时间和反应温度的提高，产物的颗粒度变大，颗粒内部的 VO_4^{3-} 离子的相互作用能力加大，浓度猝灭现象明显地表现在可见光区的光致发光强度减弱上。

3. Eu^{3+} 掺杂单斜和四方钒酸镧纳米粒子的室温光致荧光性能比较

钒酸镧具有两种晶相，已有许多文献证实或表明单斜相的钒酸镧在光学性能和催化性能等方面都远远劣于四方相的钒酸镧。为了进一步地验证这一结论并探索利用氧化物水热合成路线能否制备出掺杂稀土钒酸盐，我们利用 Eu_2O_3 替代 5 mol%的 La_2O_3 和 V_2O_5 作为反应原料，在适当的条件下分别获得 5 mol%的 Eu^{3+} 掺杂的两种晶相的钒酸镧纳米材料。选择 Eu^{3+} 作为掺杂粒子的依据是铕三价离子在可见光的红橙光区具有很强的荧光特性，且荧光特征，特别是位于 617 nm($^5D_0$—$^7F_2$)处的荧光发射峰与离子所处的微观环境有密切的关系，所以三价铕离子常常作为荧光探针表征物质的微观环境的差异[156,157]。

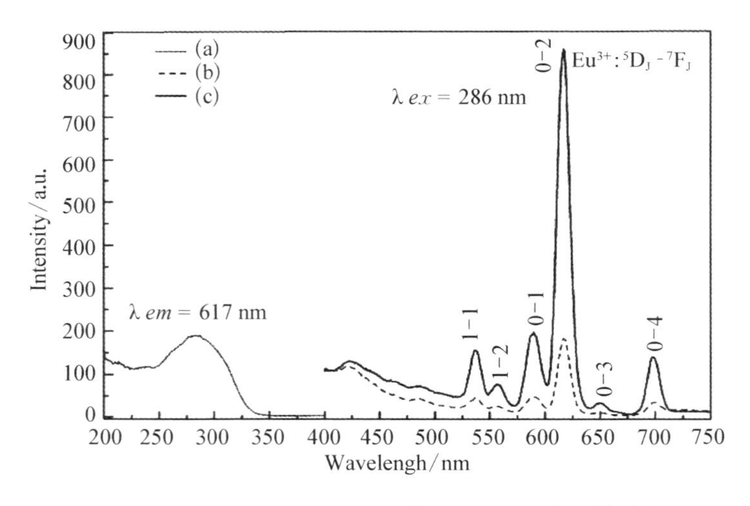

图 2-16 室温下经 O-HT 路线获得的 5 mol% Eu^{3+} 掺杂的 *m*-和 *t*-$LaVO_4$ 激发和发射光谱

图2-16展示了两种不同晶相下的5 mol%的Eu^{3+}掺杂钒酸镧的室温光致发光性能。利用三价铕离子在617 nm的荧光发射峰探寻出5 mol%的Eu^{3+}掺杂钒酸镧纳米粒子的激发光谱(图2-16a),激发谱显示出VO_4^{3-}基团在250～330 nm间的强的吸收激发区域(激发峰为286 nm),而没有出现三价铕离子位于300 nm左右的4f特征激发吸收带。利用钒酸根离子在286 nm处的激发峰激发分别两种晶相的5 mol%的Eu^{3+}掺杂钒酸镧纳米粒子,获得它们的荧光发射谱,谱图分别展示在图2-16(b)、(c)中。从两种晶相的荧光发射谱中可以明显地看出:在相同的掺杂量的基础上,尽管Eu^{3+}对应于$^5D_{0,1}$—^7F_J(J=1,2,3,4)的特征发射谱线[129-131,146,154,155]在两种晶相中都有所展现,但是四方相的荧光发射强度比单斜相的有显著提高。最强的荧光是位于红光区域的617 nm荧光发射,它对应于Eu^{3+}离子中对环境非常敏感的$^5D_0$—$^7F_2$电子转移跃迁,四方相的铕离子掺杂钒酸镧的荧光强度比单斜相增强了5倍以上,从这个实验结果进一步说明四方相的钒酸镧比单斜相的钒酸镧更适于作为荧光材料的基质。从荧光谱中可以看出三价铕离子所处的环境存在显著的差别,这个结果进一步说明通过氧化物水热合成路线可以顺利地实现选择性合成四方相或单斜相的钒酸镧纳米材料。实验中我们利用钒酸根的紫外激发扫出三价铕离子的荧光发射,这种现象表明Eu^{3+}离子和钒酸根离子之间存在能量传递的过程,即钒酸根吸收能量后通过电子双极子转换过程把能量传递给三价铕离子,导致了铕离子的荧光发射的出现。根据的Judd-Ofelt原理[132,133],三价铕离子掺杂的四方相的和单斜相的$LaVO_4$的显著的荧光差异应归因于3价铕离子处于完全不同的晶体场中。换句话说,通过同一浓度的铕离子掺杂的两种钒酸镧产物的荧光性能的明显差异,可以推断出两类产物具有不同的晶格环境,因而就表现出不同的晶相特征,也就证实了利用氧化物水热合成路线能够选择性的合成四方和单斜相的钒酸镧纳米材料。

2.6 稀土钒酸盐经 O-HT 路线合成机理探讨

2.6.1 单斜相钒酸镧纳米粒子的形成机理——自磨水解结晶机制

依据 Erdei 等人的研究，我们提出在水热环境下的物质可以发生自身研磨(Self-milling)过程的设想，通过此设想我们构筑了氧化物水热合成路线，并成功地应用于多种单组分和掺杂稀土钒酸盐纳米材料的合成。结合经典的结晶学理论，包括晶体生长的溶解沉降机制(Dissolution-precipitation mechanism, D-P)[134,135] 和原位转化机制(In-situ transformation mechanism)[136,123,134]。在实验的基础上，我们认为在氧化物水热合成路线中，产物的形成遵守自磨-水合-水解-成核-结晶-生长等基本环节，我们称之为自磨水解结晶机制(Self-milling Hydrolysis Crystallized mechanism, S-MHC)，展示在图 2-17 中。

此机制的主要过程描述如下：① 通常市售五氧化二钒和氧化镧粉末在水热密闭的环境下，在水分子的高速的热运动的推动下，氧化物大块粉末颗粒间相互碰撞摩擦使得个体逐渐的变小，进而被均匀地分散于反应体系中。这个过程中每个颗粒可以被看作小球，每种物质都是由无数个小球组成，在水的推动下，就形成了无数的球磨转子。由于这个球磨转子是反应物本身，所以这种分散过程可以形象地称为——自磨过程(Self-milling)。② 随着粒子的粒度降低，各个颗粒的表面能迅速增大，表面粒子的活性增强，为了降低其表面活性，大量的小粒子和表面的水分子进行水合，形成大量的水合离子，如 $nLa_2O_{3-x}(OH)_x^{x+}$，$n'V_2O_{5-y}(OH)_y^{y+}$ 等[114](水合过程)。③ 在水合离子的运动过程中，必然进一步发生摩擦、碰撞、失水、再水合、分离和交联等，当反号的水合离子相互碰撞或作用时，发生了脱水作用，由于钒酸镧颗粒比氧化物更稳定而转化为目标晶核

(脱水过程)。④ 晶核的形成必然是大量的,这些晶核经溶解-沉降机制逐步发育为微晶,伴随着小晶粒的溶解和大晶粒的生长,最终成长为目标晶体。由于氧化物可能不能完全的水解成水合离子,在晶核的发育过程中,可能有些晶核会在氧化物的表面形成,该晶体的发育过程可能会遵守原位转化机制成核。因而这种合成过程中可能同时存在两种晶体生长机制。利用这个机制虽然可以比较满意地解释大多数稀土氧化物和五氧化二钒在氧化物水热合成条件的反应过程,但是更精确的反应机制还有待进一步的探讨。

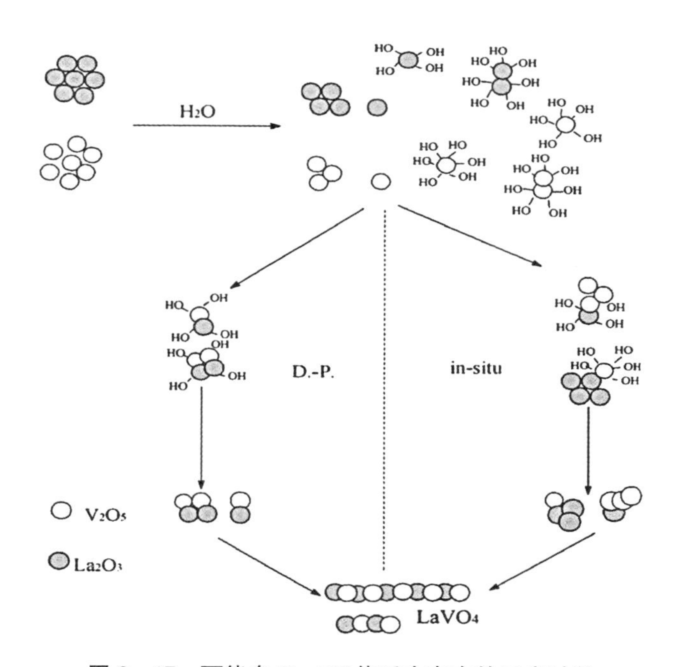

图 2-17　可能在 O-HT 体系中存在的反应过程

2.6.2　四方相钒酸镧纳米粒子的形成机理推测

四方相纳米钒酸镧的形成,可以从“溶解-重结晶过程”(dissolution-recrystallization process)[137-139]得到较满意的解释,如图 2-18 所示。当没有 EDTA 存在的时候，钒酸镧晶体的形成决定于离子本的本性：镧离子是稀土类离子半径最大的，使得它具有足够的空间形成 9 个氧配位。这个性质促使单斜相钒酸镧的形成。当少量的 EDTA 加入反应体系后，由于 EDTA 阴离子(L^{n-})具有与 La^{3+} 离子很强的螯合作用，使得 La^{3+} 首先和 L^{n-} 配位形成 LaL^{-} 配合离子。L^{n-} 具有很强的空间位阻效应迫使 La^{3+} 选择 8 个氧配位，进而向着有利于形成四方相钒酸镧的方向发展。这个结果表明，在适当的配体作用下，四方相的钒酸镧是优势晶相。在反应的初始阶段，从产物的 XRD 数据可知，由于配体的量的不足或晶核形成过快导致的单斜相和四方相的钒酸镧是同时存在。但是随着反应时间的延长，单斜相的钒酸镧的量逐渐减少，同时四方相的量显著增加，这种现象说明反应过程中存在相转化过程，即存在由单斜相向四方相钒酸镧转化的过程。这种现象归因于 EDTA，当反应原料完全转化为单斜和四方相的钒酸镧后，在有配体存在的条件下，四方相是稳定态，EDTA 吸附在单斜晶相的钒酸镧粒子的表面，促使了该种晶体的溶解，然后通过重结晶过程形成更稳定的四方相钒酸镧，即完成了单斜相向四方相晶型的转化过程。

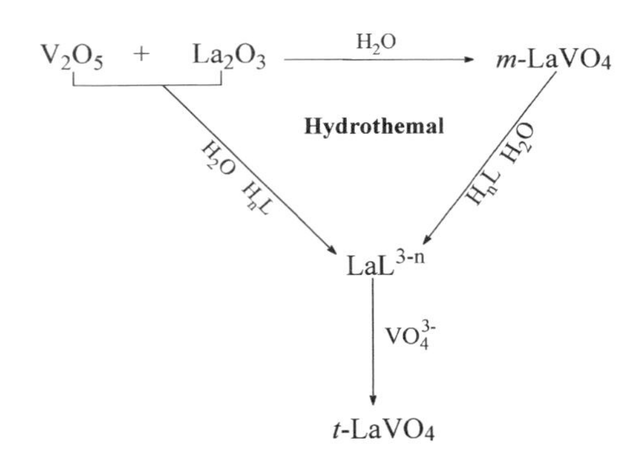

图 2-18 EDTA 参与合成 t-$LaVO_4$ 纳米材料的途径

2.7 本章小结

通过对稀土钒酸盐纳米颗粒合成为例探求一种新的水热合成途径，并研究了合成的条件、客观的评价获得产物的质量、提出了该反应体系下的反应机制。取得了如下重要成果：

(1) 成功地建立了一种新的水热合成途径——氧化物水热合成路线(Oxides-Hydrothermal Synthesis Route, O-HT)，这种方法突破了利用至少一种可溶性盐类作为前驱体的传统水热合成过程。和经典水热合成相比，该方法具有原料更廉价、不产生副产物、产物的晶格缺陷和纯度更高、操作更便利等优点。

(2) 通过氧化物水热合成途径不仅可以合成多种稀土类单组分钒酸盐纳米材料，包括：单斜相和四方相钒酸镧纳米棒、钒酸钕纳米棒、钒酸钐纳米棒、钒酸钇纳米棒和纳米粒子等，还能合成掺杂组分的稀土钒酸盐纳米材料，如 Eu^{3+} 掺杂的钒酸镧纳米粒子和 Nd^{3+} 掺杂的钒酸钇纳米聚合粒子等。这些代表性的试验表明，氧化物水热合成路线在制备稀土钒酸盐纳米材料中具有很广泛的适用性。

(3) 在选择性合成四方相和单斜相的钒酸镧的实验中，展现了合成条件的不同对产物的晶相、形貌和粒度都有很大的影响。硝酸的加入不能改变产物的晶相，但是可以使得产物的粒度显著降低；EDTA 配体的加入不仅可以改变产物的晶相，也可以改变晶体的生长趋势，同时还能对反应起到很大的促进作用。

(4) 合成钒酸钇纳米材料中，进一步证实合成条件对产物的形貌和粒度有很大影响，同时还表明合成条件的改变使得产物在光学性能上有所差别。通过对反应条件的调节可以获得从纳米级到微米级的多种级别的钒酸盐晶体。

(5) 通过对不同的钒酸镧纳米材料的 FTIR 表征发现利用钒酸根离子位于 800 cm^{-1}左右的红外振动吸收峰的状况可以辅助判定钒酸镧的晶相。提出四方相和单斜相在红外光谱中产生差别的原因是镧离子在两种晶相中的氧原子的配位数不同，导致了钒酸根离子发生了不同程度的畸变造成的。这一结果有助于帮助确定晶体中各元素原子的排列和分布状况，对物质的晶型判定起很好的辅助作用。

(6) Eu^{3+} 掺杂两种钒酸镧的荧光性能的显著差别不仅进一步验证了四方相钒酸镧比单斜相钒酸镧更适合作为荧光基质材料，还证明了在氧化物水热合成路线中实现选择性合成的可行性。

(7) 依据实验结果和经典的水热结晶理论，提出了自磨水合水解结晶机制，并详述了该机制所包含的重要环节：自身研磨—小颗粒水合作用(水合)—晶核形成(水解)—晶体发育(结晶)四个环节。

(8) EDTA 的加入导致四方相钒酸镧出现的晶相转变过程，遵守溶解-重结晶反应机制。在有 EDTA 配体的体系中四方相钒酸镧是稳定相，相反地，没有配体时单斜相是稳定相。在加入 EDTA 后，根据重结晶原理，在 EDTA 的作用下，钒酸镧由不稳定相逐步向稳定相转变。最终获得纯的四方相钒酸镧。

第3章

氧化物水热法构筑纳米稀土硼酸盐及其荧光性能研究

3.1 引　　言

近几十年来，稀土硼酸盐的合成及性质的研究已经引起广泛的关注，并成为一个极具吸引力的研究领域。形成这种现象主要有两个方面的原因[160-170]：① 晶体结构的多变性和不确定性，包括同质多晶、同族晶相转变规律、晶体精确结构的判定；② 优异的理化特征，尤其在光学方面的突出性能，由此产生潜在的商业应用前景。

稀土硼酸盐多晶现象吸引研究者的主要方面涉及如何控制产物的晶型和确定不同晶相的微观结构，以及由此而产生的特异的理化特性。稀土硼酸盐同质多晶(或结构可塑性)产生的主要原因是阴离子的结构单元和空间位置的多变性[171-175]。稀土硼酸盐的化学通式为 $REBO_3$(RE＝三价稀土离子)，由于 B 元素的特殊性：它可以与 3 个氧原子结合形成平面和非平面的 BO_3 空间构象的结构单元；也可以与 4 个氧结合形成 BO_4 四面体构型的结构单元；也可以多个 BO_3 或 BO_4 结构单元交联成环状、链状或网状三维构型，图 3－1 给出了部分硼酸盐中的硼酸根离子的构象。这种多变的阴

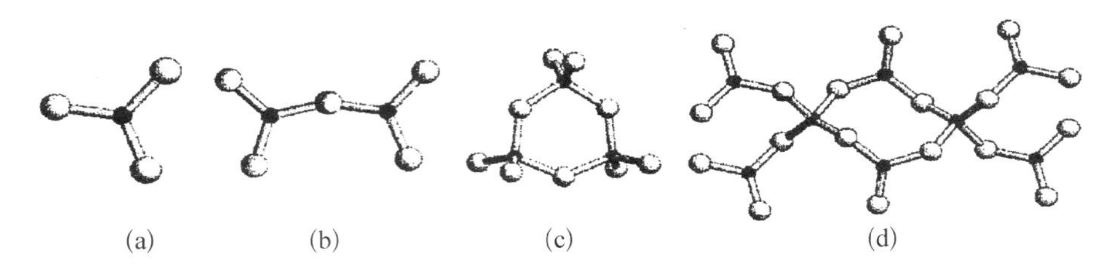

图 3－1 硼酸根离子的多种结构

离子的组合方式导致了硼酸盐晶体的结构多样性。$REBO_3$ 和 $CaCO_3$ 都属于 ABO_3（A、B 表示不同的两种元素）型化合物，且具有相似的离子半径。根据类质同晶原则和广泛的研究结果，发现稀土系列元素的硼酸盐亦表现出三种碳酸钙矿物类型[176-178]：根据稀土离子大离子半径的大小，依次为文石型（霰石 Aragonite-type）（La－Nd）、六方碳钙石型（球霰石 Vaterite-type）（Sm－Yb）和方解石型（Calcite-type）（Lu）。在这三种晶体结构中，对于稀土硼酸盐的文石和方解石结构以及物质中硼酸根组成和构象（为平面三角形 BO_3^{3-}）早已被证实，而对六方碳钙石结构及物质中硼酸根的确定却经历了数十年的时间。早期，按照类质同晶的解释，把这种六方结构的硼酸稀土归为球霰石的结构，后来，Chadeyron 和 Levin 等人认为此类晶体应为“假球霰石”型[179,181]，任等人认为 $GdBO_3$ 晶体属于三斜晶系（rhombohedral）的“假球霰石”[182]。借助傅里叶变换红外波谱等分析手段确定为 $B_3O_9^{9-}$，它是由 3 个四面体 BO_4 通过各共用两个顶点形成的环状多硼酸根离子，其中的稀土离子直接与 $B_3O_9^{9-}$ 中的氧原子配位。从这个意义上说，六方相的稀土硼酸硼酸盐晶体不能称为球霰石型的结构。为了表示的方便，多数文献仍称此类硼酸盐晶体的晶型为“假球霰石”（Pseudo-Vaterite）型。不仅同系列元素的硼酸盐的晶体类型有递变性的晶相变化规律，同一种物质的晶相也是多变的[183-185]。比如：Meyer、Boehlhoff 和 Levin 等人证实，$LnBO_3$（Ln＝La, Nd, Sm, Eu）晶体包括低温晶相（L-forms）和高温晶相（H-forms）两种晶体类型，Huppertz 等人在高温高压下并利用淬火技术

获得非六方相的 $\chi-DyBO_3$ 和 $\chi-ErBO_3$[186]。

由于硼酸盐的结构和硼酸根离子的特殊性使得硼酸盐具有许多特殊的性能，这是人们所关注的另一类热点。稀土硼酸盐具有较高的真空紫外光透明度，大的电子带隙，稳定的物理化学性质和高的光损伤域值等优点。这些优点使得稀土硼酸盐在气体充放电器件、充放电显示器件、等离子显示器件、荧光器件、非线性光学器件、闪烁光器件、中子探测及高温润滑等领域有着广阔的应用前景。

由于纳米结构材料可以帮助理解基本的物理化学概念，且具有不同于宏观块体在光、电、磁等领域的特性，以及由此产生的潜在的在高科技领域中的应用，使得关于纳米结构材料的研究成为20世纪末期的最热门的领域[187-191]。作为纳米结构材料的一种，稀土硼酸盐纳米材料在光学领域有着广阔的应用前景，如在场发射显示器，光电二极管、无汞荧光灯和液晶显示领域都具有很强的竞争力。然而，据我们所知，到目前为止只有少量的关于制备稀土硼酸盐纳米材料的报道，比如，林等人利用碳纳米管限制(Carbon nanotubes-confined reaction)的固相反应方法合成了硼酸镧纳米线[192]，Klassen 和 Zhou 等[193,194]分别经硝酸铵熔融法和溶胶凝胶法获得了硼酸镧和硼酸钇纳米粒子。虽然这些方法可以获得相应的目标产物，但是它们分别面临着高温、反应过程繁杂、副产物共生及生产成本高等不足，这样对稀土硼酸盐纳米材料的广泛应用是很不利的。水热路线已经被广泛地证实为一类在相对温和的条件下有效地制备高质量的纳米晶体方法，然而，据我们所知，仅有极少量的几篇利用水热法合成硼酸盐纳米材料的报道[195,196]。

为了弥补上述方法的不足，我们尝试利用改进的水热合成途径制备稀土硼酸盐纳米材料。首先考虑到是利用在合成稀土钒酸盐纳米材料时建立氧化物水热合成法(O－HT)。因为这种方法直接以氧化物为原料，不需要任何的助剂或添加剂，也不需要酸和碱的参与，反应在一定的条件下即可以顺利地进行。和传统的水热法相比，它具有操作更简单、无副产物、晶体的完整性更好和不会在晶格中残留杂质，产物更容易接近化学计量比、更廉价等优点。

在本章中，我们系统地展示这条新的合成路线在制备稀土类硼酸盐纳米材料中的可行性和适用性；以合成硼酸镧和硼酸钕纳米材料为例，详细地讨论了反应的条件对产物的影响；以试验结果为依据，推测了反应的机理；在试验过程中首次获得了 $LaBO_3$ 纳米棒束、$LnBO_3$(Ln＝Sm, Gd, Dy)纳米片、硼酸钕纳米千层薄饼(Nanopancakes)；首次证明通过 O－HT 路线获得硼酸钕纳米千层薄饼晶体属于假球霰石(pseudo-vaterite)结构，而不同于以往被广泛认可的文石型结构[197-203]；详细研究了硼酸钕纳米晶的晶相转变规律；合成了多种单组分和掺杂组分的稀土硼酸盐纳米材料；展望了 O－HT 合成路线的在合成稀土硼酸盐纳米材料中的应用前景。

3.2 试剂及仪器

所用的化学试剂皆购于上海国药集团：氧化镧(99.99%)、氧化钕(4N)、氧化钐(4N)、氧化钇(99.9%)、氧化镝(99.9%)、氧化铒(99.9%)、氧化钆(4N)、硼酸(99.5%)、硝酸(分析纯 65%)、乙二胺四乙酸二钠盐(EDTA)(99%)和硼砂(四硼酸钠水合物，99%)。

所需的试验设备和表征仪器列举在表 2－1 中。

3.3 实验方法

利用氧化物水热合成路线合成稀土类硼酸盐纳米材料的反应步骤和

合成稀土钒酸盐纳米材料相似，只是大部分反应的反应温度设定在 200℃。以硼酸镧纳米材料的合成为例，典型的反应过程大体如下：选取 10 mL 容量的聚四氟乙烯内衬的不锈钢高压反应釜作为反应器，在反应釜中依次加入 0.2×10^{-3} mol 的 B_2O_3、0.2×10^{-3} mol 的 La_2O_3 和 5～8 mL 的去离子水（部分反应要加入少量的添加剂），利用超声波使之充分混合后密闭反应器；把反应器放入数字控温炉中设定温度为 160℃～280℃，持续恒温加热 3～48 h；反应结束后取出反应器自然冷却到室温；利用去离子水离心洗涤 3～4 次样品后，在利用无水乙醇再离心洗涤样品 2～3 次；最后获得的样品在 60℃下真空干燥后即得相应的产物。

3.4　产物的表征

对获得的产物进行一系列的理化表征。选用德国布鲁克公司出品的装配有石墨单色滤光片的 Cu $K_{\alpha1}$ 射线源（$\lambda=1.540\,56$ Å）X 射线粉末衍射仪（XRD）确定产物的晶型和纯度，实验中，采用的扫描的速率为 0.02 $°s^{-1}$、扫描的 2θ 角范围为 10°～70°、操作电压和电流分别是 40 kV 和 40 mA，利用粉末衍射分析软件 Jade(5.0 版)进行采集和计算晶体的晶胞参数和晶面指标。样品的 FTIR 数据通过美国尼高利公司产的傅里叶红外转变波谱仪采集，此设备装备有 TGS/PE 探测器和单晶硅光束分离器，具有 1 cm^{-1} 的分辨率，表征时采用溴化钾压片法制样。利用荷兰飞利浦公司出品的扫描电镜观察和获得样品的微观外部形貌，扫描电镜在加速电压为 20 kV，真空度为 10^{-4} Pa 的条件下进行。样品的微观结构和形貌利用日本理学的透射电子显微镜（高分辨透射显微镜）获得，该仪器装备有选区电子衍射仪和光电子能谱仪，选用的加速电压为 200 kV。产物的热稳定性和含水量选用德国耐驰公司的热重差热测量仪进行测定，温度范围为 40℃～1 200℃，升/

降温速率 20℃/min。样品的紫外-可见吸收性能由紫外可见漫反射或紫外分光光度计测定。常温荧光光谱用美国埃克莫公司的 LS-55 测定，以氙灯为光源。

3.5 结果与讨论

3.5.1 硼酸镧纳米棒/束的合成及表征

1. 在不同反应温度下获得产物的 XRD 分析

确定适宜的反应条件是顺利完成反应的关键。在试验过程中，原料的配备完全相同的条件下，反应时间保持在 24 h，反应温度分别设定在 150℃、200℃和 240℃。图 3-2 展示了在这三个条件下获得的 $LaBO_3$ 产物的 X 射线粉末衍射图谱。通过在标准谱图库检索和对应发现，图 3-2a 显示在 150℃的反应温度下获得的产物为六方相的 $La(OH)_3$，因为所有的衍射峰和标准谱图库中 JCPDS 83-2034 六方相氢氧化镧的图谱基本一致，经 Jade 软件计算的晶格参数 $a=b=6.5260(4)$ 和 $c=3.8567(1)$，与根据谱图计算的非常吻合。这个结果说明在温度较低的水热条件下，不能获得目标硼酸镧产物。由于样品的 XRD 中没有显示出氧化硼的衍射峰，说明在反应过程氧化硼与水作用形成硼酸后分散到溶液中。当反应温度提高到 200℃时，获得产物的 XRD 显示(图 3-2(b))，产物中已经不存在氢氧化镧的衍射峰，而是完全转化成正交晶相(orthorhombic phase)文石型的 $LaBO_3$ 晶体。所有样品的衍射峰很容易在标准谱图库中检索，和 JCPDS 中卡号为 76-1389 的文石型的硼酸镧一致，通过 Jade 软件计算得出样品的晶格参数为 $a=5.0960(8)$ Å、$b=8.2514(4)$ Å 和 $c=5.8726(6)$ Å，这个数据和标准谱中列的数据相吻合。继续升高温度，反应表现在 240℃时获得产物的 XRD 展示在图 3-2(c)中。从图中可以看出，产物的 XRD 图谱和

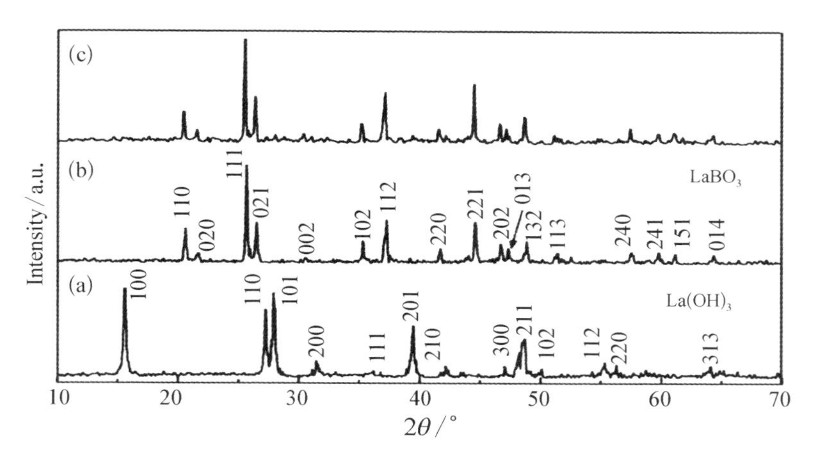

图3-2　在不同温度下获得的硼酸镧样品的XRD图谱

在200℃时的基本一致，除了衍射峰半峰宽更小，根据谢乐(Shell)公式(XRD中衍射峰的半峰宽越小，产物的颗粒度就越大)，说明提高反应温度，将会增加产物的颗粒度，获得更大的颗粒。由于我们的实验目标是获得尽量小的纳米级颗粒，因而选择相对低些的温度条件对合成有利，因而试验中选择200℃作为反应的设定温度。这组试验结果表明：通过氧化物水热合成途径在200℃左右的温度下就能顺利地获得硼酸镧样品，比通常的固态过程所需要的反应温度低700℃左右；低温下形成的氢氧化镧是反应的中间体。和标准谱图对应后，发现在氧化物水热合成体系中，硼酸镧的优势生长晶面是(111)晶面组，表现出较为明显的异向生长的特性。

2. 硼酸镧产物的FTIR分析

由于稀土硼酸盐的中硼酸根可以形成多种形式的阴离子，不同的阴离子具有不同的硼氧结合形式，在傅里叶转变红外光谱中的吸收特征会有所体现。也就是说，FTIR能够提供对推断硼酸盐结构非常有帮助的信息，因此我们利用FTIR对在200℃下获得的硼酸镧样品进行进一步的表征。图3-3展示了通过氧化物水热途径在200℃下反应24 h后所获得文石型(aragonite-type)$LaBO_3$产物的红外光谱。从图中可以明显地观察到在400～1 500 cm^{-1}的波数范围内,存在有1 288 cm^{-1}、940 cm^{-1}、705 cm^{-1}、613 cm^{-1}和596 cm^{-1}五个吸收峰。结合文献得知[204,205],在红外波谱400～4 000 cm^{-1}的波数范围内,硼酸镧中如果其阴离子为平面的BO_3^{3-},则能观察到的振动模式是BO_3^{3-}中B—O振动,而观测不到La—O振动,且此种情况下的B—O振动模式可以划分为两组: ① 硼酸根中B—O键的伸缩振动,包括对称于对称轴但不对称于相对的BO_3阴离子平面的伸缩振动(ν_3),它的波数范围在1 200～1 400 cm^{-1},峰值一般在1 300 cm^{-1}左右;BO_3总体对称伸缩振动(ν_1),它的峰值在940 cm^{-1}附近。② 硼酸根中B—O键的弯曲振动,包括它在700～800 cm^{-1}波数范围内的面外弯曲振动(ν_2),峰值大约在710 cm^{-1}左右;在670～570 cm^{-1}波数范围内的面内弯曲振动,一般出现位置在615 cm^{-1}和596 cm^{-1}左右的一对肩峰。比较我们试验所得的数据和文献值可知,所有数据都支持所合成的硼酸镧样品中的硼酸根离子是单独的平面结构的BO_3^{3-},而没有发生硼酸根的复合团聚现象。

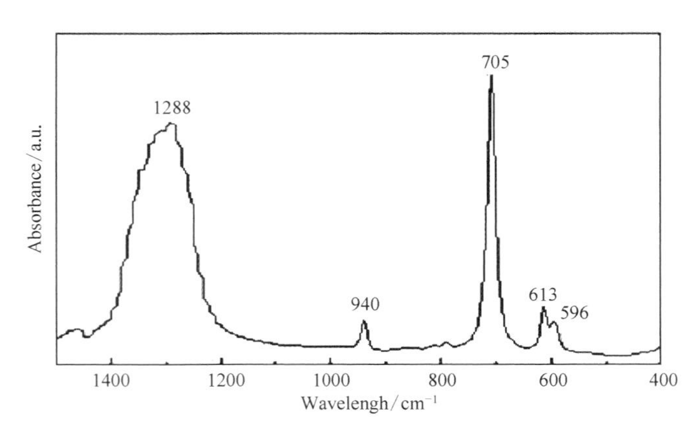

图3-3 在200℃下反应24 h时获得的硼酸镧产物的FTIR图谱

3. 硼酸镧纳米束形成机制分析

在制备稀土硼酸盐纳米材料中,尽管氧化物水热合成反应的反应机制可能很复杂，但是上述实验测试结果还是为我们提供了用来探测硼酸镧纳米材料的形成机制和晶体结构方面的重要信息。在低温下，产物中只存在$La(OH)_3$，说明B_2O_3通过与水作用形成H_3BO_3后完全溶解到溶液中；由于产物中没有存在La_2O_3和$LaBO_3$杂质，说明氧化镧在有硼酸的环境下首先完全转化为$La(OH)_3$，并且在氧化镧没有完全转化为氢氧化镧的情况下，硼酸镧是不可能形成的。在温度适宜时，$La(OH)_3$和硼酸才可能发生进一步的反应生成相应的硼酸镧。为了验证上述推测，我们用硼酸代替氧化硼做同样的试验，获得了肯定的结果。因此，我们认为硼酸镧的形成过程可以分成两个阶段(Scheme 3-1)：① 氧化物的水解或水合阶段。在这个阶段中氧化硼随着反应体系的温度升高迅速与水反应形成硼酸(这与氧化硼的溶解度随温度升高迅速增大的试验结果一致，氧化硼-水体系相图)；可能在硼酸的辅助下，氧化镧与水作用形成氢氧化镧。② 硼酸镧的形成阶段。在适当的反应温度下，硼酸和氢氧化镧发生酸碱反应生成相应的硼酸镧，在水热环境下成长为纳米晶粒。由于反应是分成两部分进行的，在氧化镧没有完全转化成氢氧化镧和温度条件不适宜的情况下，硼酸镧都不能产生，因此通过控制氧化物水热合成过程的反应体系的温度，就可以选择性地获得氢氧化镧$La(OH)_3$和硼酸镧$LaBO_3$纳米材料。据我们所了解，这是首次发现在水热合成体系通过调节反应条件，就可以选择性获得两种不同种类的产物。形成反应式见下述式(3-1)～式(3-3)。

$$La_2O_3 + H_2O \xrightarrow[< 200℃]{hydrothermal} La(OH)_3 \qquad 式(3-1)$$

$$B_2O_3 + H_2O \xrightarrow[< 200℃]{hydrothermal} H_3BO_3 \qquad 式(3-2)$$

$$La(OH)_3 + H_3BO_3 \xrightarrow[200℃]{hydrothermal} LaBO_3 \qquad 式(3-3)$$

4. 硼酸镧产物的微观形貌表征

高倍的扫描电镜和透射电镜照片可以生动地展现样品的微观形貌和晶体生长情况。图 3-4 展示了几幅具有代表性的在 200℃时，通过 O-HT 路线获得的硼酸镧的扫描电镜(SEM)照片、透射电镜(TEM)照片、高分辨透射电镜(HRTEM) 照片和选区电子衍射(SAED)图片。图 3-4(a)、(b)显示的分别是低倍和高倍的扫描电镜照片，照片生动地记录了硼酸镧样品的微观形貌。从照片中可以看出，产物是由无数由纳米棒或准纳米棒组成的纳米捆构成，纳米棒的粒径大约在 80～120 nm 的范围内，长度可以达到 6～7 μm。图 3-4(c)展示的是该样品的 TEM 照片，其中的插图是低倍照片。低倍透射电镜照片进一步证实产物是由许多纳米棒组成的纳米捆构成的，纳米棒的厚度在 100 nm 左右，透射电镜能击穿的物质厚度大约在 30～50 nm。从图片中可以看到有电子束透过的光斑，故推测样品的厚度不会超过 100 nm。图 3-4(d)显示的是图 3-4(c)中所指示位置的高分

图 3-4　在 200℃下时获得的 $LaBO_3$ 样品的典型 SEM，TEM，HRTEM 和 SAED 照片

辨透射电镜照片，从中可以看出产物的结晶度很高，没有孪晶或混晶出现，晶体的是着c轴c-axis的方向生长。这一点从垂直投影下的选区电子衍射斑纹得到证实。

1D纳米结构的硼酸镧的形成要归因于文石型硼酸镧晶体本征的异性生长的特性。硼酸镧纳米棒的形成可以用Ostwald熟化过程(Ostwald ripening process)进行解释[206,207]。极小的目标晶核在La_2O_3完全转化为$La(OH)_3$后迅速形成，随着反应时间的延续，小粒子通过消耗更小晶核，根据异性生长的特性逐步生长成为大的纳米棒；在纳米棒长到一定程度后，为了降低纳米棒自身的表面能，使产物更加稳定，这些纳米棒利用棒的侧面毛细管作用力使棒按照特定方向自组装成纳米棒束(或捆)[208,209]。

5. 硼酸镧样品的TG/DSC分析

热稳定性是衡量物质随温度的变化而发生结构变化的程度，稳定性越高，说明这种物质的结构越牢固，适于在较宽的温度范围内应用。硼酸镧晶体是荧光基底的候选材料，而作为基底材料需要有较高的热稳定性和化学稳定性，因而测定硼酸镧的热稳定是非常必要的。图3-5给出了硼酸镧纳米棒梱的热重(TG)曲线和差热(DSC)曲线。从热失重曲线可以看出，在40℃～1 000℃的范围内，物质的质量没有明显的变化，没有明显的失重现象(小于3%)，说明物质含水量(包括结晶水和吸附水)极低，或者说基本不含结晶水。从40℃～1 000℃的差式扫描焓变(DSC)曲线上不仅可以进一步的证实没有结晶水，还能够反映出所合成的硼酸盐的热稳定性非常高，因为在此温度范围内没有相变潜热和失水吸热峰出现。热分析的结果表明：通过氧化物水热合成路线所获得的硼酸镧样品的结构非常稳定，在晶格里不含结晶水或吸附水，且晶相在1 000℃以下保持稳定。但是在670℃～800℃范围内出现了玻璃态转变过程峰值(760℃)，这个要归因于纳米粒子高温下的团聚。

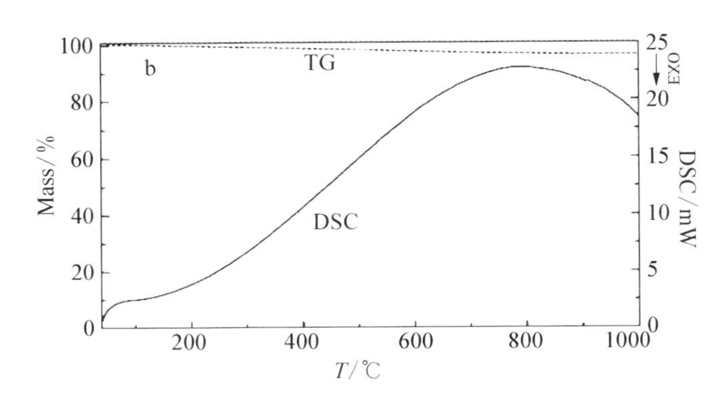

图 3-5　在 200℃ 下反应 24 h 时获得的 $LaBO_3$ 的热分析曲线

3.5.2　硼酸镧纳米束解团聚的实现与机制

1. Sm^{3+} 掺杂解团聚

如何获得分散较好的纳米棒硼酸镧或者如何使硼酸盐纳米捆打开，是一个很有意思的课题。相对散开的纳米棒对物质的均匀分散有帮助，也可以提高物质的比表面积。常用的分散手段有改变反应条件、增加聚合抑制剂等。在第 2 章研究铕离子掺杂钒酸镧的荧光性能时，发现利用铕离子掺杂可以改变产物的形貌，我们推测利用稀土离子掺杂或许能够改变硼酸镧产物的团聚。

在保持反应路线和条件不变的情况下，利用简单的掺杂手段进行了尝试。反应以 $x\mathrm{Sm_2O_3}:(1-x)\mathrm{La_2O_3}:1\mathrm{B_2O_3}$ 的原料比例，通过氧化物水热合成路线在 200℃ 反应 24 h 后获得一系列产物。图 3-6(a)、(b)分别显示所合成产物的 XRD 和 FTIR 图谱。图 3-6(a)证实 Sm^{3+} 离子完全替代了部分 La^{3+} 离子进入了正交晶格，因为所有样品的 XRD 衍射谱图基本上和标准的硼酸镧的一致，且没有出现痕量的六方相硼酸钐。然而随着 Sm^{3+} 的掺杂量的增加，虽然产物的 XRD 谱图的衍射主峰和标准没有掺杂的衍射峰一致，但是当 Sm^{3+} 的掺杂量超过 7.5% 时，在产物的

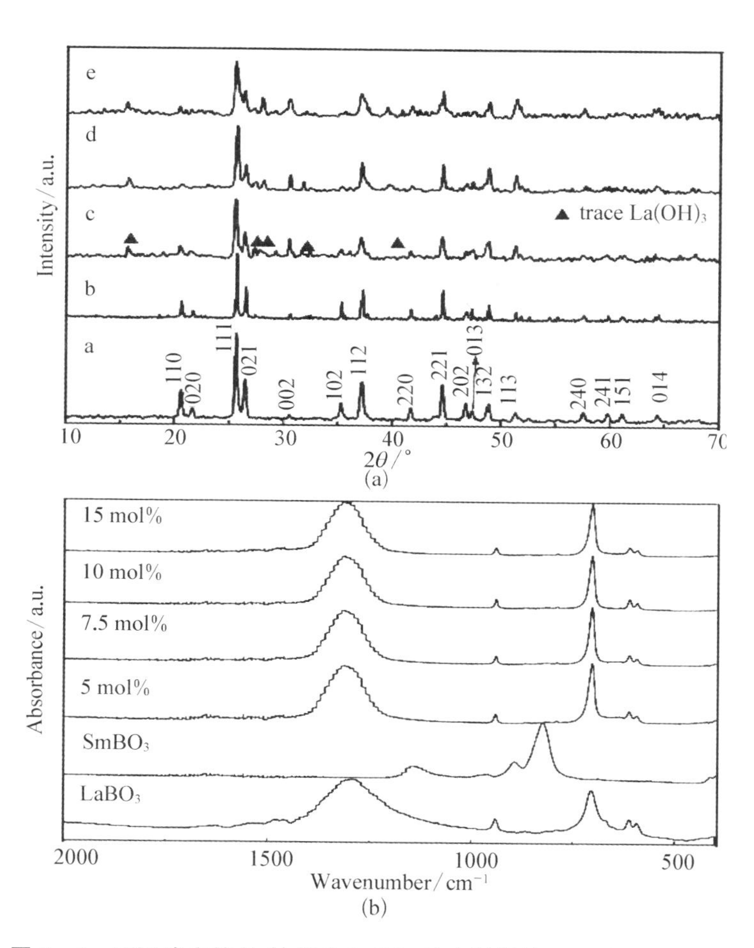

图 3-6　不同浓度的 Sm^{3+} 掺杂 $LaBO_3$ 纳米材料的 XRD 和 FTIR 图谱

谱图中出现了$2\theta=15°$的不属于硼酸镧的衍射峰，经检索发现这个峰属于没有反应的$La(OH)_3$ 的(100)晶面族的衍射峰。这个现象说明，Sm^{3+} 离子的掺杂对产物的生成速度有着显著的影响，会降低 $La(OH)_3$ 向 $LaBO_3$ 转化的速度，掺杂量越高生成目标产物的速度越慢。同时也表明在掺杂的硼酸镧中，实际产物中掺杂离子的浓度要略高于理论上的添加量，这个结果在图 3-7 所列的 X 射线能量分散谱 EDS(Energy dispersive X-ray spectrometers)中得到进一步的证实。在反应原料中加入的 Sm^{3+} 和 La^{3+}

的原子比例为1/9，而产物中它们的比例为2.6/21，后者明显高于前者，说明原料中的镧离子没有完全转化到硼酸镧，同时也证实钐离子替代了部分镧离子进入了产物晶格中。

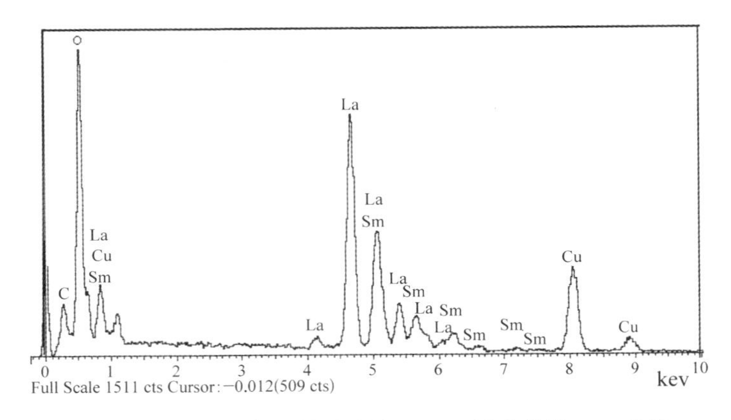

图 3-7　10 mol% Sm^{3+} 掺杂的 $LaBO_3$ 纳米棒的 EDS 曲线

图 3-6(b)中的FTIR证实产物中只存在属于$LaBO_3$的平面BO_3^{3-}的振动模式，而不存在六方相中属于$SmBO_3$的环状$B_3O_9^{9-}$的振动模式[210,211]，这个结果有力地支持产物中的Sm^{3+}是替代了部分La^{3+}离子进入了正交晶格。根据XRD分析结果可知，通过Sm^{3+}掺杂过程能够降低硼酸镧产物的形成速率，由于钐和镧元素同属于镧系元素，具有相似的原子结构，我们认为造成这样的原因可能要归因于Sm^{3+}离子半径小于La^{3+}半径，离子半径的不同导致$SmBO_3$和$LaBO_3$晶体分别属于具有$B_3O_9^{9-}$阴离子的六方晶系和BO_3^{3-}阴离子的正交晶系。在掺杂反应过程中，尽管产物的晶型保持正交结构，但是由于Sm^{3+}阳离子取代了部分La^{3+}的晶格位置，改变了晶体生长的局部环境，而整个晶体生长要维持正交相，在两种力量的作用下晶体生长速度变缓。纳米棒的生长变慢和掺杂过程所引起的纳米棒的侧面表面张力的改变，共同导致产物聚合度的降低。

图3-8生动地展示了具有代表性的不同浓度 Sm^{3+} 掺杂后的硼酸镧样品的微观形貌和粒度大小的SEM和TEM照片。从图中可以看出，样品都是由大规模的低聚合度的纳米棒组成，而没有出现硼酸镧纳米捆状形貌；和纯硼酸镧纳米捆中的纳米棒相比，掺杂后的样品的尺寸明显的降低，由原来的几个微米降低到几百个纳米；掺杂样品的形貌不规则程度随着掺杂量的增加而增加；TEM显示样品的粒度在50～70 nm，和纯的硼酸镧样品相比粒度从100～120 nm降低了近50 nm，长径比为10～20。上述的SEM和TEM照片显示掺杂硼酸镧样品的粒度和聚合度明显地低于纯的硼酸镧纳米材料，这个结果进一步证实XRD谱图的分析结果。随着掺杂量的提高，产物中残留的未反应掉的氢氧化镧的量也随之增加，掺杂离子替代的镧离子比例增加导致晶体生长的自由能发生改变，在宏观上显示为晶体的生成速度变慢，聚合度降低。

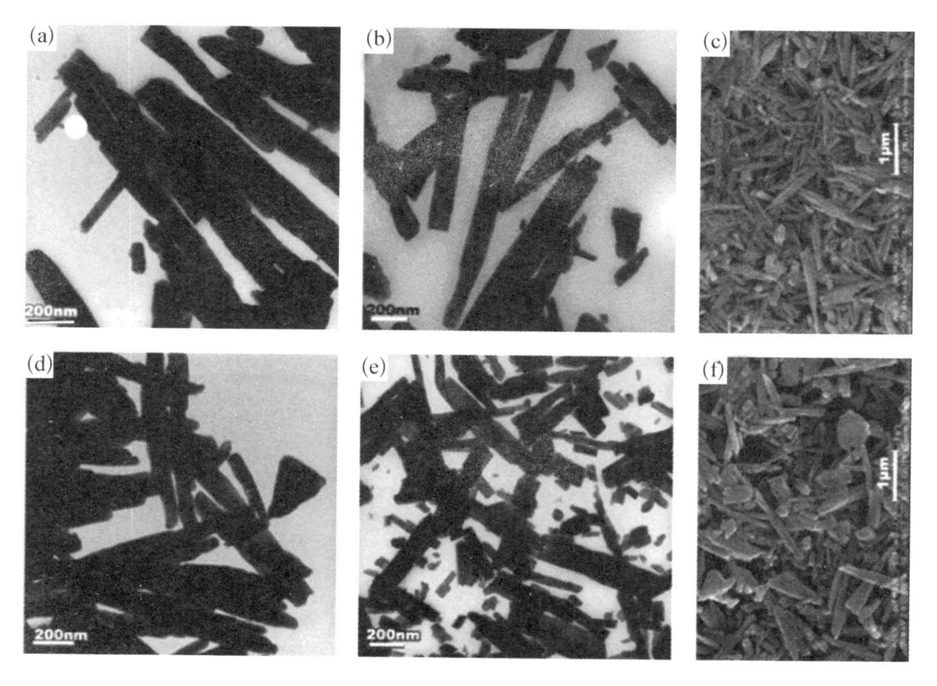

图3-8　不同浓度 Sm^{3+} 掺杂的 $LaBO_3$ 纳米材料的典型的SEM和TEM照片

2. Dy^{3+}掺杂解团聚

一种离子掺杂导致产物生成速率和产物形貌的改变现象具有一定的随机性，如果能够更换掺杂离子后仍能得到类似的结果，则可以更有力的说明掺杂过程对产物的形貌和生成速率产生重要影响。为了进一步证实掺杂过程对产物的形貌影响确切性，我们利用 Dy^{3+} 代替上述的 Sm^{3+} 离子做相同的一系列实验，反应以 xDy_2O_3 ：$(1-x)$ La_2O_3 ：$1B_2O_3$ $(0.025 \leqslant x \leqslant 0.125)$ 的原料比例，通过氧化物水热合成路线在 200℃反应 24 h 后获得一系列产物。图 3-9 中分别展示了样品的 XRD 和 FTIR 图谱，从 XRD 结果可以看出，在 Dy^{3+} 浓度低于 7.5 mol%时所获得产物的晶相和硼酸镧的完全一致；在浓度为 10 mol%及以上时，产物的结晶度有所降低，产物中出现了杂质峰。FTIR 结果进一步表明在不同的掺杂浓度下，产物中都不存在六方相硼酸镝的 BO 振动吸收峰。由上述 XRD 和 FTIR 结果可以推出：Dy^{3+} 离子完全进入了硼酸镧晶体中，并取代了部分晶格位点上的 La^{3+} 离子；结合 Sm^{3+} 掺杂可知，在该合成条件下，可以实现多种稀土离子的稀土硼酸盐的掺杂。

图 3-10 展示了在不同浓度下获得 Dy^{3+} 离子掺杂的硼酸镧的透射电镜照片，从照片可以看出，在 Dy^{3+} 离子浓度小于 7.5 mol%的情况下，所获得的为低聚合的纳米棒状粒子，棒的直径在 50～80 nm 之间，长径比在 30～50 之间。有趣的是在浓度为 7.5 mol%时，产物的纳米棒自组装排列成树枝状形貌；当浓度增加到 10 mol%时，产物中除了棒状形貌的纳米粒子外，还有许多圆片状形貌纳米片（图 3-10(d″)），再继续增加到 12.5 mol%时，产物出现了和纯硼酸镧相似的形貌，同时还有少量的圆形片状纳米粒子，但是纳米棒的粒度在 60～80 nm 之间，明显低于纯的硼酸镧样品。从透射照片可以看出，Dy^{3+} 离子的引入亦改变了产物的生成速率和产物的形貌。这种结果的产生同样归因于 Dy^{3+} 离子的引入改变了晶体生长的微观环境。

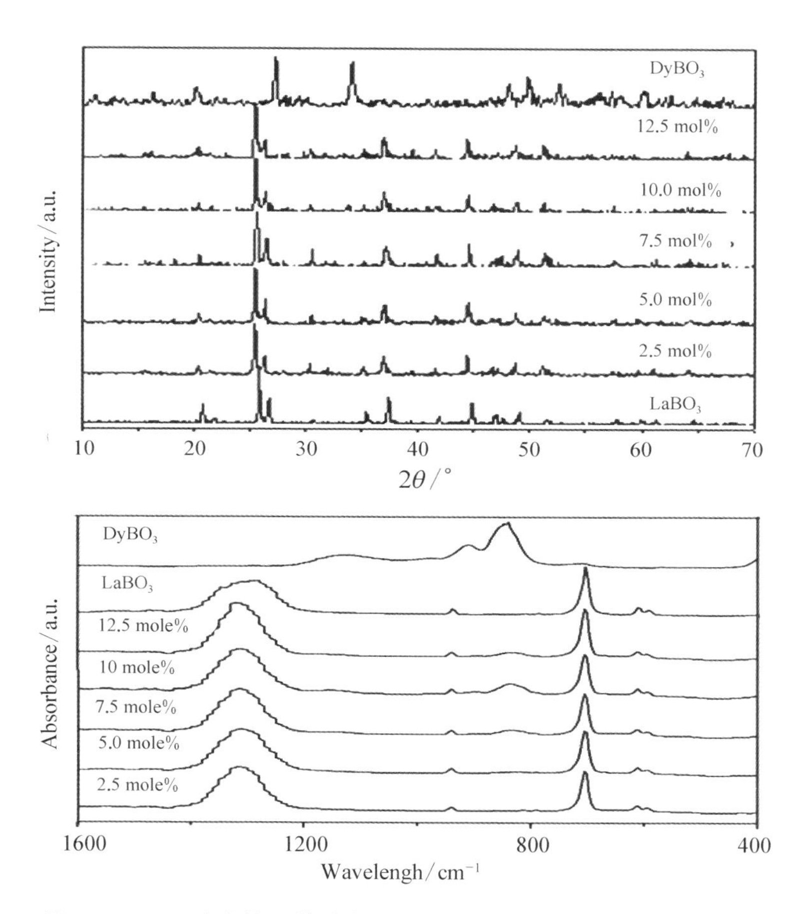

图 3－9　不同浓度的 Dy^{3+} 掺杂的 $LaBO_3$ 纳米棒的 XRD 和 FTIR 图谱

综合上述的试验结果可知，通过氧化物水热合成路线（O－HT），在适当的反应条件下，存在一个有趣的现象：纯的 $LaBO_3$ 纳米捆通过钐离子掺杂程序可以被脱聚合成低团聚的纳米棒。由此我们推测通过掺杂程序可以改变产物晶格间的作用力，改变产物生成速率，从而达到改变晶体的形貌和聚合度的目的。

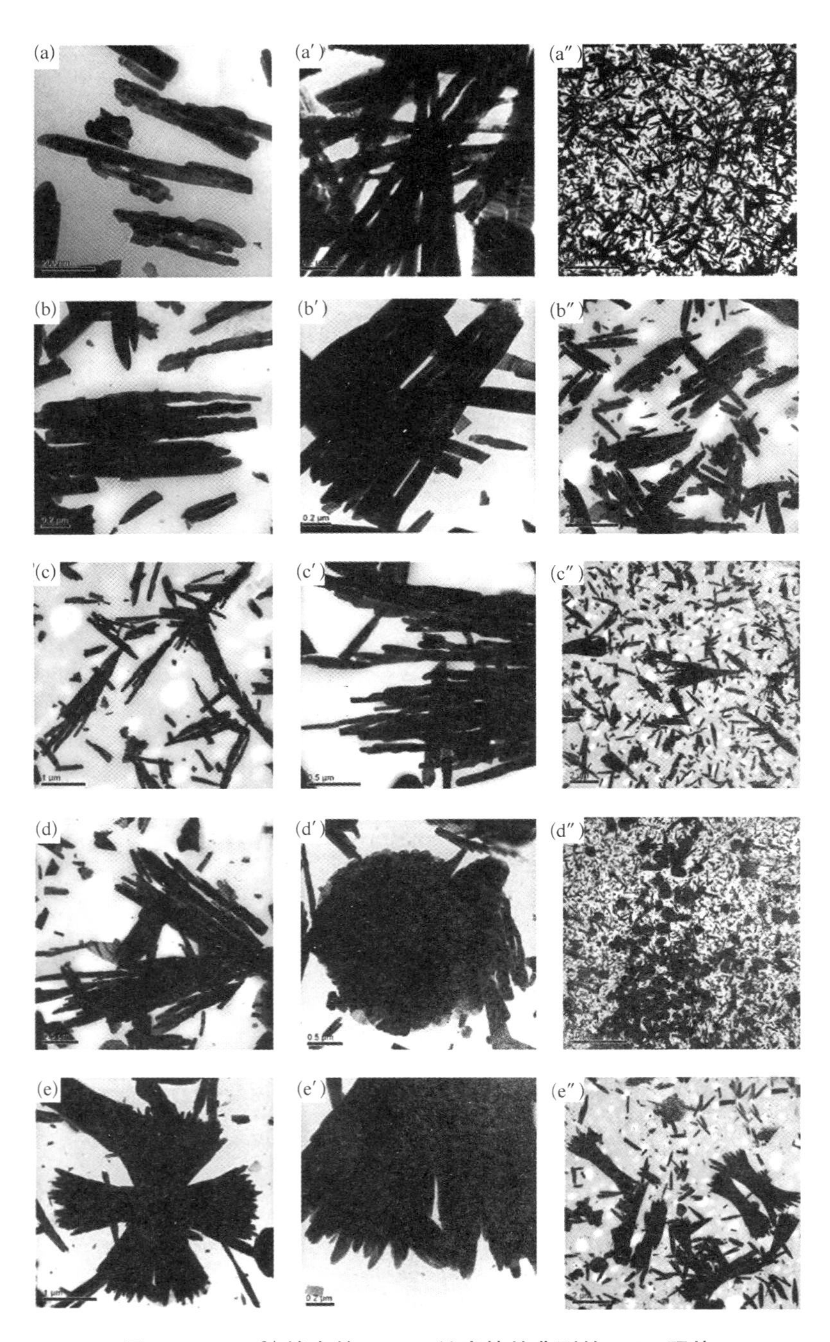

图 3-10 Dy^{3+} 掺杂的 $LaBO_3$ 纳米棒的典型的 TEM 照片

3.5.3　硼酸钕纳米薄饼的合成、表征及反应机理分析

1. 反应时间对产品的影响

(1) 硼酸钕样品的 SEM 分析。

硼酸镧纳米棒的合成条件的确立，让我们对稀土类硼酸盐纳米材料的合成充满信心和期待。在此基础上，我们选择了硼酸钕作为突破点，这是因为，按照文献报道，硼酸钕具有和硼酸镧相同的晶体结构，离子半径比镧离子略小，且处于稀土类硼酸盐的晶体类型转变点前后。图 3－11 展示了在 200℃下通过 O－HT 路线反应时间分别为 6 h、9 h、12 h、18 h、24 h 和 48 h 后获得产物的 SEM 显微照片。从图中可以看出，在反应进行 9 h 后即可获得自组装的层接层(self-assembled layer-by-layer SALBL)的纳米薄饼，这与硼酸镧的纳米棒/束状的形貌存在明显的差别。图 3－11(a)、(a′)显示：反应时间为 9 h 时，不论是层接层的柱状形貌，还是多层交叉的花状形貌，他们都是由多层纳米薄片组成的；这些纳米薄片的具有圆盘状的外形，厚度在 50 nm 以下，直径可以达到 7 000 nm 左右。当反应时间增加到 12 h(图 3－11(b)、(b′))，此时获得纳米薄饼产物的厚度略有增加，但是直径却增长到 10 700 nm 左右，样品的形状则是从圆盘状过渡到边缘不太清晰的六方薄片。当加热时间持续到 18 h，将获得具有规则六方片状形貌的纳米千层薄饼状的产物，产物的显微扫描电子照片列在图 3－11(c)和(c′)中，它们的片的厚度在 45 nm 左右，直径则可以达到 13 200 nm。再继续延长反应时间到 24 h，样品的多层自组装的纳米千层薄薄的结构显示在图 3－11(d)和(d′)中，和 18 h 时获得产物相比有些松散，但是它们的外形呈更加规整的六方片状，产物的厚度依然在 50 nm 左右，直径可达到14 000 nm 左右。

上述结果表明，随着反应时间的延续，所获得样品的厚度和直径都在不断地增加，不过厚度增加的不是很明显。同时，层与层间的结合力随着

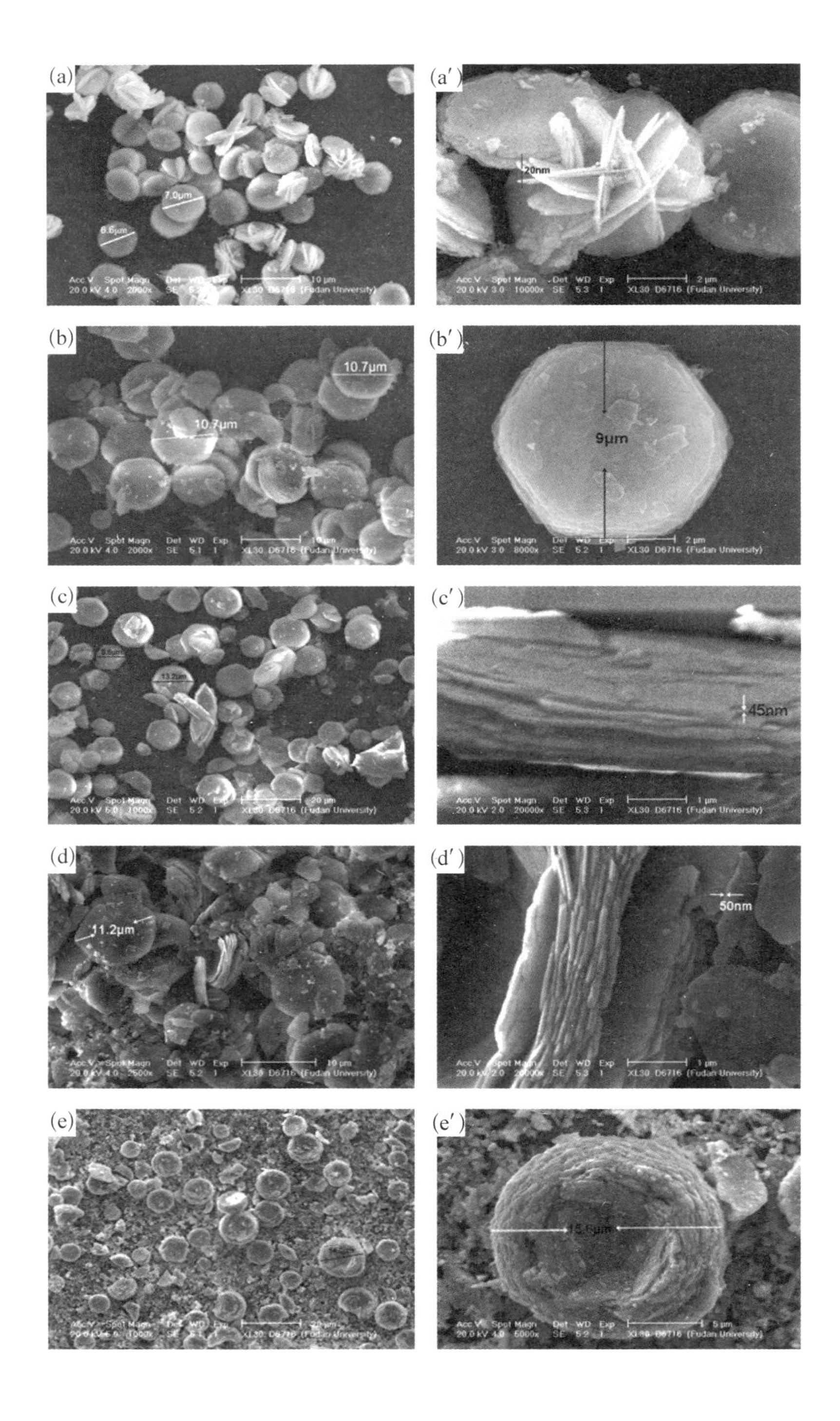
(a)
7.0μm
6.6μm
(a′)
20nm
(b)
10.7μm
10.7μm
(b′)
9μm
(c)
13.2μm
(c′)
45nm
(d)
11.2μm
(d′)
50nm
(e)
(e′)

图 3 - 11　在 200℃不同时间条件下获得的 $NdBO_3$ 的典型的 SEM 照片

反应时间的增加而减弱,这可能归因于产物每层厚度的增加,导致薄片的质量增加,在表面张力变化不明显的情况下,结构逐步变得较为松散。这个推测由在反应进行 48 h 所获得产物的形貌得到证实。从图 3 - 11(e)、(e′)中可以看出,在 48 h 后获得的样品的形貌与上述的形貌有很明显的差异: 产物虽然主体上是由多层片状结构材料构成,但是出现了大量的片状碎片和小粒子,样品的外形不是千层薄饼而是形成了蛋挞状,片状样品的每层厚度超过 100 nm,直径达到 15 000～16 000 nm。这种现象的产生归因于反应时间的增长,产物的厚度和直径随之增加,导致层间的作用力减弱,在水热体系中水的作用下,大片的粒子被击成碎片,从而形成了这种特松散的结构。与反应 9 h 以上获得产物的形貌相比,反应 6 h 时获得产物具有显著的差别,从图 3 - 11(f)中可以看出,在反应进行 6 h 时,产物是由许多不规则的粒子组成,粒子的大小不均一,多成粒子状,没有片状产物,此时获得样品形貌表明反应可能没有完成或者产物的洁净度特差。综合上述在不同时间下获得产物的 SEM 微观形貌结果可以推测出: 反应处理时间是获得层层自组装的纳米千层薄饼的一种关键因素; 反应时间的选择是获得理想尺寸的纳米结构材料的重要环节,在反应时间 9～24 h 之间,层层自组装的纳米千层薄饼都可以获得,如果超过了适当的反应时间,纳米千层薄饼的结构将会被破坏;在 200℃下,反应小于 6 h 时,反应可能没有完全进行。因而，在200℃的O-HT体系中选择适当的处理时间是制备特定厚度和尺寸的纳米级千层薄饼的重要条件。

（2）硼酸钕产物的XRD分析。

由于所获得硼酸钕样品的形貌和在同一条件下获得的硼酸镧样品存在显著的差异，我们就产生了疑问：为什么产物的形貌有这么大的差别呢？根据文献，二者具有相同的晶型，又属于同类元素，反应条件完全相同，应该具有相似的形貌。可能的答案是：反应没有发生或者产物具有与文献报道不尽相同的结构。这两个答案都可以从产物的X射线粉末衍射谱线得到确定。为了确定产物的结构和前面的推测，我们利用X射线粉末衍射仪对在不同时间获得的产物进行测试，XRD的测试结果见图3-12。从图3-12(a)中可以看出，在反应经过6 h时，获得产物的XRD谱线与反应进行9 h以上的样品的谱线存在显著的差别，这个结果表明反应进行6 h时得到的产物和反应进行9 h一样得到的产物不属于同一类物质。也就是说，在200℃下在O-HT体系中反应进行6 h时，反应没有完全进行。通过对XRD标准谱图库中的谱图检索发现，除了谱线的宽化现象以外产物的所

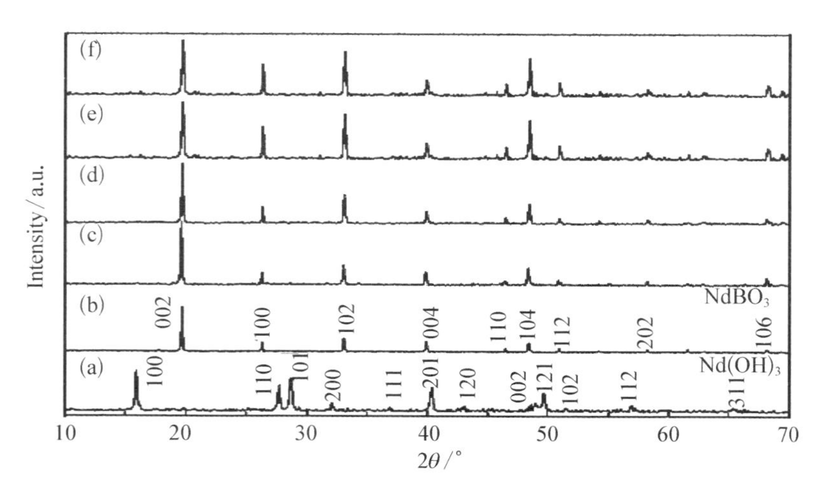

图3-12　在不同的时间下获得$NdBO_3$样品的XRD图谱

有衍射峰和六方相 $Nd(OH)_3$ 标准谱图 JCPDS (83－2035)完全一致，产物属于 P63/m(176)空间群。晶格参数经 Jade 软件计算为 a＝6.418 1(3) Å 和 c＝3.737 7(5) Å，此结果和标库中的报道基本一致。反应 6 h 后只获得 $Nd(OH)_3$ 样品的实验事实清楚地表明：在反应初期，氧化硼与水作用形成了硼酸完全形成了溶液，氧化钕与水作用形成了氢氧化钕；在氧化钕没有完全转化为氢氧化钕之前，硼酸钕不可能形成；氢氧化钕和硼酸是反应中的中间体。

当反应增加到 9 h 时，XRD 谱线见图 3－12(b)，氢氧化钕的峰完全消失，取而代之的是完全新型的晶格相，这个结果表明氢氧化钕已经和硼酸完全反应可能生成硼酸钕。反应继续延长到 18 h、24 h 甚至 48 h，所获得样品的 XRD 谱线和 9 h 时获得 XRD 谱线的峰位和峰组成完全一致。我们利用了能量散射 X 射线谱(EDS)，得出产物的化学组成为 Nd/B＝1，即产物的化学式为 $NdBO_3$。然而，这种物质在标准谱图库中没有检索到，说明这种产物既不属于正交晶系的低温相硼酸钕，又不同于三斜晶系的高温相的硼酸钕，也就是说不同于文献报道的硼酸钕和硼酸镧同属于文石型的矿物结构。

为了确定产物的晶型，我们利用了 MDI 公司的 Jade 软件的自动匹配功能进一步地检索，结果发现产物的衍射峰峰形和六方相的 $SmBO_3$ (JCPDS 74－1930)基本一致，除了峰位一致向着低衍射角偏移了少许。根据类质同晶原理，我们认为此产物属于六方晶系。接着按照六方晶系中 $SmBO_3$ 的空间群 P63/mmc(194)模型对产物的晶胞参数进行了计算和修正，修正后的结果为 a＝3.900 8(8)和 c＝9.019 6(6) Å，晶面组和相应的各自衍射峰峰位标记在图 3－10(b)中。和标准的 $SmBO_3$ 衍射谱图相比，9 h 获得的硼酸钕样品的衍射峰出现了(0002)晶面族，对应于(10－10)晶面族的相对衍射显著偏大的反常现象，由 $SmBO_3$ 中的 0.4 提高到产物中的 1.6。这表明产物在晶体生长过程中(0002)晶面族生长速度远远大于

(10－10)晶面族，表现出了此晶体的特殊成核和晶体异向生长的特征。图3－10(b)～(f)的XRD谱线显示，在反应时间超过9 h后，所获得的产物均为六方相的硼酸钕。同时也可以看出，随着反应时间的延长，不同晶面组的生长的相对速度具有一定的规律：尽管(0002)晶面族依然保持着增长，但是(10－10)、(10－12)和(10－14)晶面族，特别是(10－12)晶面族的生长得到更明显的加强。这些数据表明随着反应时间的增加，晶体的优先生长是沿着确定的平面，同时晶体的厚度也会缓慢的增加。这些结果和获得片状的硼酸钕的形貌是相一致的。

2. *硼酸钕产物的FTIR分析*

假球霰石型和文石型的稀土硼酸盐晶体之间存在显著的差别的傅里叶红外转换光谱，因而FTIR分析可以作为一种进一步证实所获得硼酸钕产物的晶体类型非常有效的辅助手段。$LaBO_3$ 和 $SmBO_3$ 分别具有典型的文石型和假球霰石型的晶体结构，因而选择它们作为样品的参照对象，图3－13中的产物的XRD谱图显示在同样的条件下经O－HT路线获得六方相的硼酸钐。图3－14展示了 $LaBO_3$、$SmBO_3$ 和 $NdBO_3$ 产物的红外谱图。从图中可以明显地看出：所获得的 $NdBO_3$ 产物的红外谱线和 $SmBO_3$ 的非常吻合；两谱线和 $LaBO_3$ 的存在显著的差别。这个结果支持了XRD的分析结果，进一步说明所合成的硼酸钕的晶型不属于多数文献报道的文石型的结构(正交晶系)，而是属于假球霰石型的结构(六方晶系)。硼酸镧样品的红外谱图由两个波数分别位于1 288 cm^{-1} 和706 cm^{-1} 的强吸收峰和3个波数位于分别940 cm^{-1}、613 cm^{-1} 和596 cm^{-1} 的弱吸收峰构成，该硼酸根离子的吸收峰类型属于典型的孤立的平面状 BO_3 基团的振动吸收[185]，因而硼酸镧中的硼酸根离子为 BO_3^{3-}。

六方相的硼酸钐和硼酸钕的红外谱图和只具有单独的 BO_3^{3-} 类型的正交晶系的硼酸镧存在明显的冲突：在所考察的红外吸收波段中，它们在波数1 200 cm^{-1} 以上和800 cm^{-1} 以下的红外区没有吸收，四个吸收峰集中

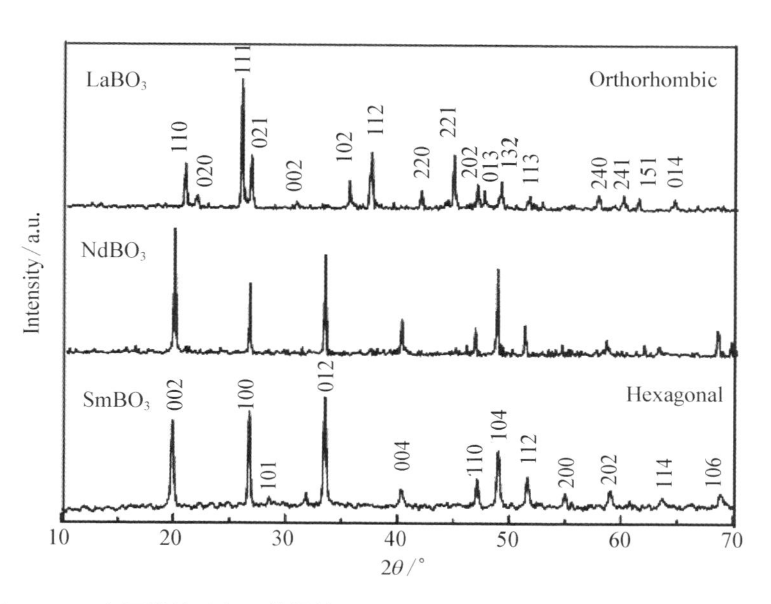

图 3-13　在同样的过程下获得的 $LaBO_3$，$NdBO_3$ 和 $SmBO_3$ 的 XRD 图谱比较

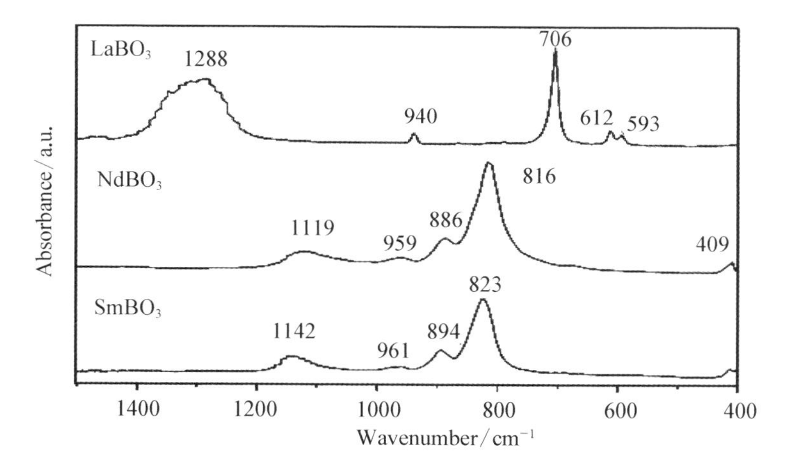

图 3-14　在同样的过程下获得的 $LaBO_3$，$NdBO_3$ 和 $SmBO_3$ 的 FTIR 图谱比较

1 200～800 cm^{-1}之间。这意味着在六方晶系的硼酸稀土中阴离子不是 BO_3^{3-} 结构，而是另一种特殊的结构的阴离子。尽管该物质的化学式为 ABO_3（A，B 表示两种不同元素），且晶体类型和球霰石的碳酸钙相似，但是

由于阴离子的结构不属于单的 BO_3 型,所以这种结构被称为"假球霰石"结构。这种不同于 BO_3^{3-} 的振动模式已被 Denning 和 Laperches[204,172,210,211] 等人证实为环状 $B_3O_9^{9-}$ 的红外振动。$B_3O_9^{9-}$ 是由 3 个 BO_4 基团通过 -[-O-B-O-B-O-B-]- 首尾相接的 6 元环构成,存在着平面的 D_3 对称结构,每个 B 原子与 4 个 O 原子结合形成四配位。O—B 振动模式有两种:一种是环上 O—B 的骨架振动,另一种是环外 O—B 的振动。对于六方相硼酸稀土在 1 500～400 cm^{-1} 波数范围内的红外吸收峰归属的一种可能的分配方式为:强的伸缩振动(包括硼氧六元环的骨架伸缩振动和末端的硼氧伸缩振动)位于 1 200～800 cm^{-1} 间,它们的弯曲振动处于 500 cm^{-1} 以下。XRD 和 FTIR 的结果证实通过氧化物水热过程所获得硼酸钕样品是六方相的假球霰石结构。

3. 硼酸钕产物的 TEM、HRTEM 和 SAED 表征

为了进一步考察所合成的六方 $NdBO_3$ 纳米千层薄饼的结晶状态和晶体的生长状况,我们利用了透射电镜(TEM)、高分辨透射电镜(HRTEM)和选区电子衍射(SAED)等手段对在 200℃ 反应 24 h 时获得的产物做了深入的表征,相应的代表性的图片或图案列举在图 3-15 中。图 3-15(a)、(b)分别提供了样品的低倍和高倍的透射电镜照片,从图片中可以进一步证实所合成的层层自组装的硼酸钕纳米千层薄饼是由许多精美的纳米薄片组成,这些薄片具有很低的厚度和较大的直径。在图 3-15(b)中标示位置的高分辨透射电镜照片和选区电子衍射花纹分别显示在图 3-15(c)、(d)。高分辨透射图片显示,纳米薄片的结晶非常完美,晶体中没有晶格空位、孪晶、位错等晶体缺陷,在图中标示出大约为 0.338 nm 的晶面间距相对应的单个晶胞的$(10\bar{1}0)$、$(\bar{1}100)$和$(01\bar{1}0)$面。选区电子衍射图片中的整齐排列的晶格点阵显示了从[0001]方向下的六方晶系的晶格平面的投影,他对应于 HRTEM 的沿着 c 轴方向的衍射花纹。首次获得的六方相硼酸钕多层自组装的纳米千层薄饼结构材料显示出高比表面积和类石墨型的层状结构的硼酸盐优势,这可能有助于此类材料有望在光、催化、插层化学

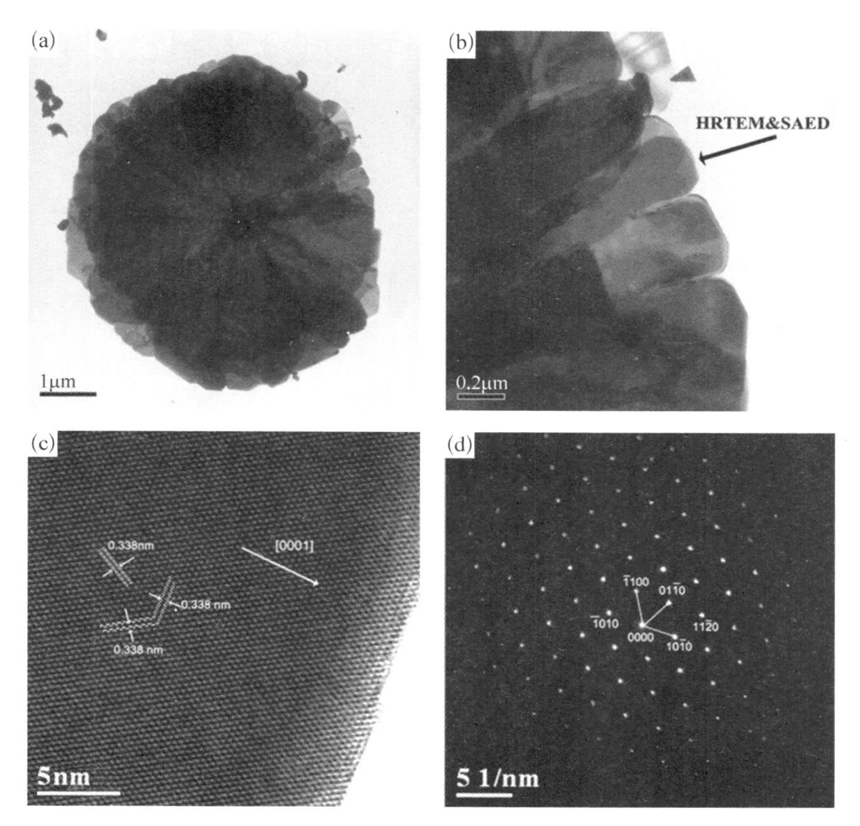

图 3 - 15　六方相 $NdBO_3$ 纳米薄片的典型的 TEM、HRTEM 和 SAED 照片

及固态电池等方面的广泛应用。

4. 反应温度对硼酸钕合成的影响

确定较佳的温度范围对目标产物的获得是极为重要的。图 3 - 16 列举出一组在平行实验中除了温度不同，其他反应条件完全相同的情况下，获得的样品的具有代表性的 XRD 图谱。从图中可以看出，热处理温度是影响产物形成和晶体生长的重要因素之一。图 3 - 16(a)中的 XRD 谱图显示在 170℃时获得的产物为典型的纯的 $Nd(OH)_3$ 粉末，而没有出现硼酸钕。这个结果表明硼酸钕产物在低于 170℃的氧化物水热体系中不能形成，同时，进一步揭示了 $Nd(OH)_3$ 和硼酸是反应的中间体。由图 3 - 16(b)～(d)

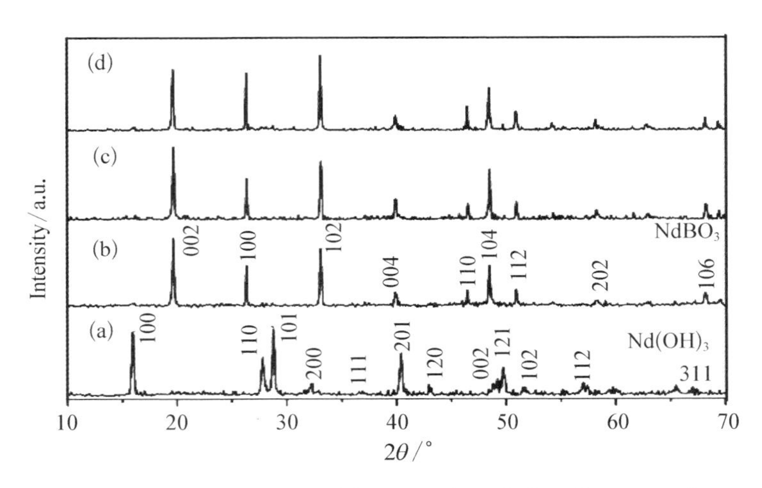

图 3-16　在不同温度下获得 $NdBO_3$ 样品的典型的 XRD 图谱

所列举的 XRD 结果证实，当温度上升到 185℃以上时，纯的六方相硼酸钕晶体将被获得。比较在不同温度下获得纯硼酸钕产物的 XRD 谱线可知，虽然按照晶体生长速度随着温度升高增加，(0002)晶面族的发育随着温度的升高而增大，但是(10-10)、(10-12)和(10-14)晶面族，特别是(10-12)晶面族的生长速度增加的更快，当反应温度达到 260℃以上时，(10-12)晶面族的衍射强度已经超过了(0002)晶面族。通过比较这些实验结果可知虽然反应温度的提高有利于提高产物的结晶度，但是不利于反应的各项异性的生长。也就是说，温度的提高有利于获得较厚的产物，而不利于获得薄片状的纳米材料。

图 3-17 展示了几种在不同温度下获得产物的 SEM 照片，这些扫描照片生动地展示了所获得产物的粒度和厚度。图 3-17(a)、(a′)分别是在反应为 185℃时获得产物的低倍和相应的高倍 SEM 照片，图片显示产物的为明显的具有圆柱状的外形的多层自组装的纳米千层薄饼结构，另外还有少许的小粒子，每层由厚度在 30～40 μm 左右，直径大约在 5 500～9 800 nm 之间的纳米片构成；图 3-17(b)、(b′)显示在 260℃时获得产物的低倍和相应高倍的产

图 3-17　在不同温度下获得 $NdBO_3$ 样品的典型的 SEM 照片

物的形貌，从中可以看出，产物具有清晰规则的六边形外形的六方片状结构，而没有出现多层自组装的层状结构。六方片的厚度大约 120 nm 左右，粒度大约在2 100～5 000 nm，这个实验结果证实，温度的提高有利于产物的结晶度的提高，但是破坏了在低温下获得多层自组装的层状结构，且粒度也明显的降低，说明温度的提高不利于产物各项异性生长。因此，选择适当的反应温度，对获得多层自组装的适当大小和厚度的六方相 $NdBO_3$ 纳米千层薄饼非常重要。

5. 填充度对硼酸钕产物的影响

在水热合成体系中，填充度是个重要的参数，由于实验中选用的是密闭的水热体系，在一定温度下，反应的压力、溶剂的溶解性、反应体系的密度、介电常数及溶液的黏度等都和填充度相关[212-214]。为了考察填充度对硼酸钕产物的获得有何影响，一系列的平行实验在 40%～80%范围内的不同的填充度下，反应温度200℃时反应相同的24 h。图3-18展示了XRD衍射图谱，从图中可以看出在不同的填充度下所获得产物均为六方相的硼酸钕，但是在晶体中不同晶面族的生长状况随着填充度变化而改变。比如，随着填充度的提高，(0002)晶面族的生长被促进并逐步占有明显的优势，研究结果表明填充度小范围内的改变，并不能改变生成的产物种类，但是可以改变晶体生成的状态，影响到晶体生长。图3-19展示了多幅具有代表性的SEM照片，从图中可以看出，在不同的填充度的条件下，所获得的样品都是多层自组装的纳米薄饼结构，但是产物的厚度、尺寸和外形各不相同。随着填充度从40%变化到80%，每片的厚度由20 nm左右增加到60 nm左右，尺寸由4～6.5 μm增加到8.4～9.8 μm左右，外形由圆盘状的逐步过渡到六方片状再到不规则的片状。综上所述，在所研究的氧化物水热合成体系中，在所考察的范围内，填充度对产物的获得和产物的晶体类型没有影响，但是它影响到晶体的不同晶面的生长状态、结晶度及产物最终的形貌；高的填充度更有利于晶核的形成和晶体的生长，有利于提高产物的结晶度和尺寸。

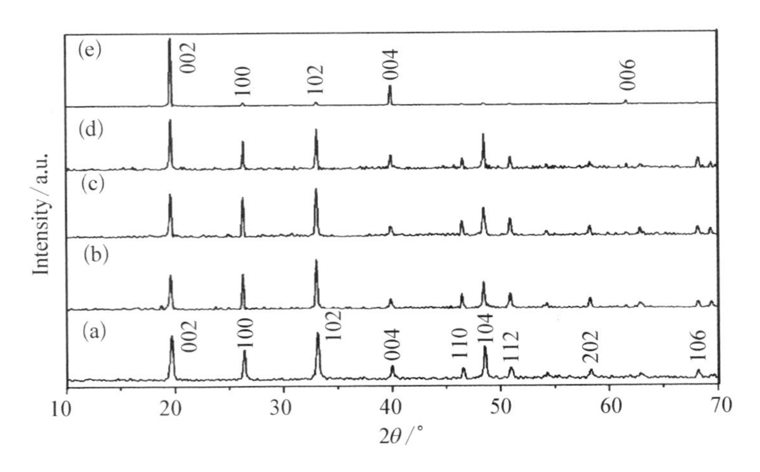

图3-18　不同填充度下获得的$NdBO_3$样品的XRD图谱

6. 反应体系的pH值对反应的影响

水热反应体系中，反应体系的pH值对反应会产生很大的影响，因此在

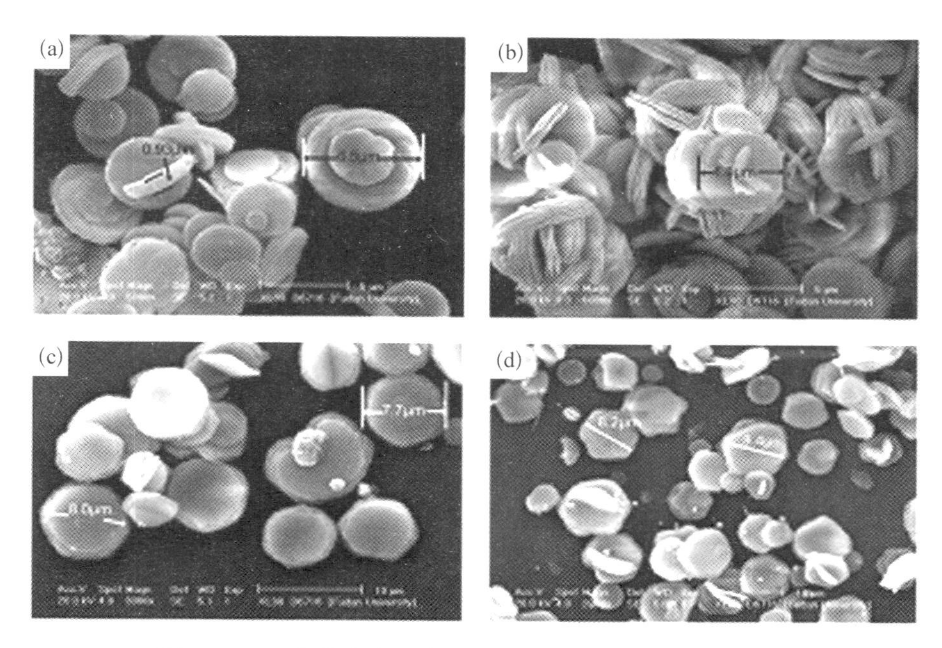

图 3-19　不同填充度下获得的 $NdBO_3$ 样品典型的 SEM 照片

反应中要求控制溶液的 pH 值，使之处在特定的范围。因而为了考察反应体系的初始酸碱度对产物的获得有何影响，我们做了一系列的 pH-依附实验。溶液的酸碱度利用 1 M 的 HNO_3 或 NaOH 进行调节，反应温度设定在 200℃，反应时间设定为 24 h。图 3-20 列举在不同 pH 下获得典型产物的 XRD 谱图。在实验中发现，当初始溶液的 pH 值小于 1 时，所有的氧化物完全溶解到反应体系中，得到的是澄清溶液，没有沉淀出现；当初始体系的 pH 由 1 变化到 5 时（$1 \leqslant pH < 5$），获得产物由未知材料（可能由多种产物组成的混合构成）逐步转变到主体为不纯的六方相硼酸钕；当 pH 值由 5 继续增加到空白实验时的 pH 值时（$5 \leqslant pH < 7$（空白实验）），产物的纯度则由不纯的六方相转变成纯的六方相硼酸钕；当反应的 pH 值超过或等于 7 时，六方相的硼酸钕则完全消失，取而代之的是纯的六方相 $Nd(OH)_3$（$pH \geqslant 7$）。上述系列实验结果表明，在反应温度为 200℃ 的 O-HT 反应体系中，初始 pH 值

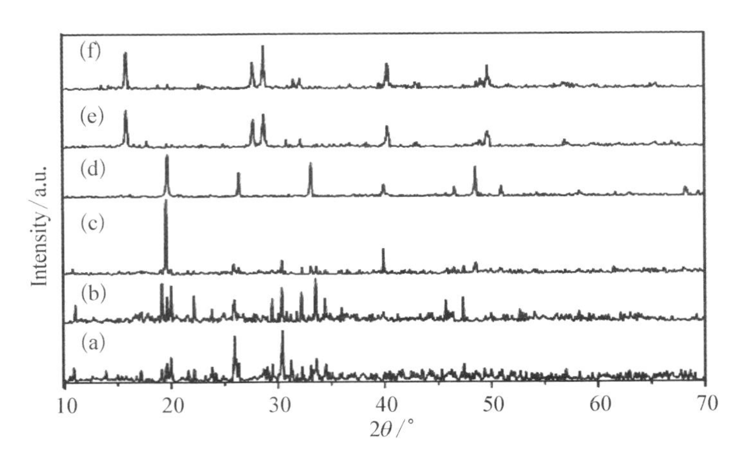

图 3-20　在不同酸碱度下获得的 $NdBO_3$ 样品的 XRD 图谱

的选择对获得假球霰石结构的硼酸钕晶体是至关重要的。产生这样的实验结果可能归因于 $NdBO_3$ 产物的酸碱稳定性。在酸性条件下反应体系受到 H^+ 作用，由于 H_3BO_3 是一种较弱的酸，且 $NdBO_3$ 的稳定常数较小，根据可逆反应原理 $\{NdBO_3 + nH^+ \leftrightarrow [Nd(H_nBO_3^{3-})]^{n+}\}$，强的酸就会抑制 BO_3^{3-} 和 Nd^{3+} 反应形成相应的 $NdBO_3$，而是生成了多种含有氢离子和部分酸根离子的混合物。由此可以推测出利用可溶性的三价钕盐类 $NdX_{3/n}$ ($X^{n-} = NO_3^-$，Cl^-，SO_4^{2-} etc)作为 Nd^{3+} 源和硼酸为原料在中温的水热合成体系中反应将得不到纯的六方相的硼酸钕产物。这可能是到目前为止关于在中温条件通过水热反应合成硼酸稀土盐的报道如此稀少的原因之一。

在实验中我们利用硼砂和氯化钕为原料进行了验证，实验中没有得到相应的硼酸钕产物，这个结果进一步证实了我们的推测。另一方面，在碱性条件下，同样 $NdBO_3$ 的生成也受到了明显的抑制，这个过程中起到关键作用的是 OH^-。由于 $NdBO_3$ 比 $Nd(OH)_3$ 的稳定性的差，在可逆反应 $NdBO_3 + 3OH^- \leftrightarrow Nd(OH)_3 + BO_3^{3-}$ 中，根据勒沙特列原理(LeChatelier's principle)，随着 OH^- 阴离子的浓度的增加，反应的平衡将由左向右边移动，而抑制了反应向相反的方向移动，即阻止了硼酸钕产物的生成。温度

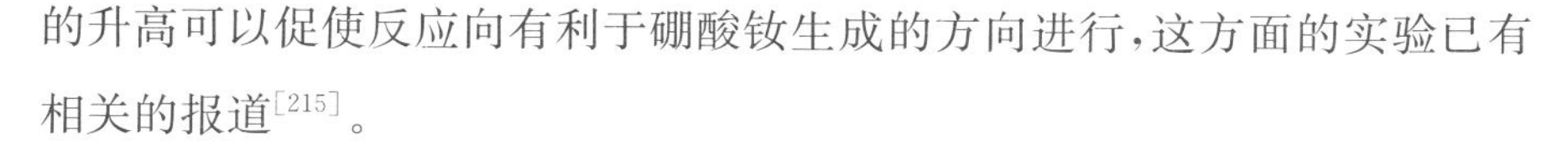

的升高可以促使反应向有利于硼酸钕生成的方向进行，这方面的实验已有相关的报道[215]。

7. 在氧化物水热合成体系中硼酸钕合成的反应机制

尽管在 O－HT 合成体系中，反应机制可能非常复杂，但是不同温度和不同时间下获得产物的表征结果，特别是 X 射线粉末衍射结果依然提供了探究反应机制的重要信息。结合合成硼酸镧时对反应过程的分析结果，我们猜想合成六方硼酸钕的反应机制也包括两个阶段：M_2O_3（M＝Nd，B）两种氧化物分别转化为相应的水合物 $M(OH)_3$（H_3BO_3 和 $Nd(OH)_3$），硼酸溶液反应体系中，氢氧化钕为被分散成无数小颗粒不溶物悬浮在体系中；当氧化钕完全变成氢氧化钕后，硼酸与 $Nd(OH)_3$ 在一定的温度和反应时间下相互作用生成硼酸钕目标产物。在 200℃下这两个步骤中的主要反应式展示在下式(3－4)～式(3－6)中。从实验结果和反应式中可以了解到，通过调整氧化物水热合成体系的反应条件，在这个反应体系中能够顺利地选择性地获得六方相的 $Nd(OH)_3$ 和 $NdBO_3$ 材料。这个有趣的“一石二鸟”的实验现象在水热合成体系中到目前为止还没有见到相关报道。在水热合成体系中，稍微改变反应的操作条件，就可以使反应停留在特殊阶段，这一发现有利于对水热体系反应动力学的研究。

$$Nd_2O_3 + H_2O \xrightarrow[6\ h]{O-HT} Nd(OH)_3 \qquad 式(3-4)$$

$$B_2O_3 + H_2O \xrightarrow[<6\ h]{O-HT} H_3BO_3 \qquad 式(3-5)$$

$$La(OH)_3 + H_3BO_3 \xrightarrow[>9\ h]{O-HT} LaBO_3 \qquad 式(3-6)$$

8. 在氧化物水热环境下六方相硼酸钕的形成原理探讨

为什么通过 O－HT 路线能够获得假球霰石结构的硼酸钕样品，而在通常的开放体系（如常压固相合成、溶胶凝胶合成）中得不到这种类型的硼酸钕产物？为什么硼酸镧在同样的体系中依然保持着正交晶型？在经过广泛的调研后发现，在1961年，Levin等人[216]依据$REBO_3$中稀土阳离子和氧离子的离子半径比值和碳酸钙中钙离子和氧离子的离子半径比值间的大小关系（表3-1），成功地解释了硼酸稀土盐的多晶现象。他们的主要结论概括如下：当稀土离子和氧离子的半径比率大于0.71（碳酸钙中的钙离子和氧离子的半径比率）时，文石型的硼酸盐是稳定的晶相；稀土离子和氧离子的半径比率在0.61和0.71（Yb^{3+}/O^{2-}的离子半径比率）之间时，硼酸盐晶体的只存在稳定的球霰石型（六方晶系）；在半径比率等于或小于0.61时，方解石型结构为硼酸盐产物的稳定态。这些规律在当时很好的解释了实验中所获得TBO_3型的硼酸盐的晶体类型，因而这个经验规律得到了广泛的认可。我们考察了适合这个规律的产物制备条件后发现，这些反应大都是在常压下进行的，而不是在较高的压力或特殊反应的条件进行。因而这个规律只适用于在常压的普通合成环境中，而不能完全适用于特殊极端条件下的合成，如在极高温、淬火和高压等极端条件下的合成。例如Huppertz等人[186]在高温高压伴随淬火技术获得了$\chi-DyBO_3$和$\chi-ErBO_3$相；还有在高温环境下可以获得硼酸镧、硼酸钕的高温三斜晶相等。

在氧化物水热合成体系中，由于反应体系是密闭的，在设定的温度下，反应釜中的水会产生稳定的持续的高压，反应过程是在恒定的高压下进行的，也就是说，在此种条件下的反应不同于通常的常压下的反应。因而认为在O-HT体系中能获得六方相硼酸钕产物的关键因素：一方面是来自氧化物水热合成体系的自生压力，另一方面是离子半径比率和0.71比较接近，再一个方面的原因是六方相硼酸钕固体的理论密度比正交相硼酸钕固体的理论密度高（表3-1）。综合上面三个因素，结合勒沙特列原理（LeChatelier's principle），尽管确切的原因还有待一进步的探讨，还是对六方相硼酸钕晶体的形成可以说明一二的：在密闭的水热体系中，在水产生的高压下，Nd^{3+}/O^{2-}半径比接近0.71的硼酸钕被迫选择高密度的六方晶相作为稳定相，这样可以减弱压力带来的影响。相反的，由于硼酸镧中的 La^{3+}/O^{2-} 半径比 0.81 远大于 0.71，所以在所考察的水热环境下，不可能获得六方相结构的硼酸镧。对六方相硼酸钕的获得的成功解释不仅仅有助于理解 O－HT 体系的反应机制、有利于指导对合成六方相的硼酸钕的反应条件的选择和晶体生长的控制，还为进一步探讨能否在适当的条件下获得六方相的硼酸铈和硼酸镨提供了研究基础和思路。

表 3－1　合成稀土硼酸盐纳米材料的 Ln/O 离子半径比率和理论密度

Compound	Radius ratio[a]	Density(Cal.) g/cm^3
Aragonite-type		
$LaBO_3$	0.81	5.348
$NdBO_3$	0.74	5.786[a]
$CaCO_3$	0.71	2.930[a]
Pseudo-Vaterite-type		
$CaCO_3$	0.71	2.65[a]
$NdBO_3$	0.74	5.845
$SmBO_3$	0.71	6.045
$GdBO_3$	0.69	6.571
$DyBO_3$	0.66	6.744
YBO_3	0.66	4.493
$ErBO_3$	0.64	6.937

[a] Refer to Levin et al[216]

9. *六方硼酸钕产物的热分析*

为了调查六方硼酸钕产物中的水含量、热稳定性及相转变特征等热特征，我们在空气气氛中对 200℃下反应 18 h 获得的多层自组装的 $NdBO_3$ 纳米薄饼进行了同步的热失重分析（TG）和差式扫描量热（DSC）分析，热分析曲线展示在图 3－21 中。从 TG 曲线可以看出在所考察的温度范围内（40℃～1 200℃），随着温度的升高所获得的硼酸钕产物没有明显的质量损失。这个结关说明：① 产物为无水物，纳米薄饼中不含有水，即在这种结构的材料中不含有吸附水和结构水；② 产物的热稳定性高，在考察的温度范围内没有发生分解失重。从 DSC 曲线可以看出，在程序升温过程中，六方相的硼酸钕的热晗变化可以分成两个阶段：玻璃态转变阶段和相转变阶段。① 玻璃态转变阶段。温度从 40℃～727℃，峰值为 484℃，小的热吸收峰值位于 311℃。在 40℃～484℃的范围内，随着温度的升高样品释放出少量的热量；然后 484℃～727℃范围内，随温度的升高样品逐步补偿性的吸收少量的热，在这后半段中由于物质是吸热过程，且吸热的过程比较平缓，说明产物的晶体形态可能存在变化，但是并没有改变物质的晶相；这个阶段的数据表明在 727℃以下，所获得的硼酸钕产物可以保持六方相晶体结构，但是产物的形貌可能会随着温度的升高而发生改变。② 相转变阶段。温度从 727 变化到 790℃，峰值为 762℃，在这个温度区间中存在一个非常强的吸热晗变和非常大的热容变化（$\Delta Cp_1 = 3.296$ J/g・K），大的吸热晗变

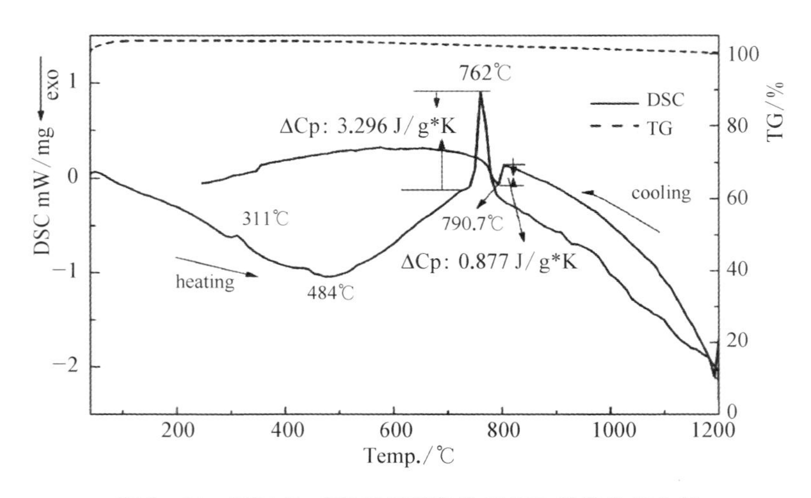

图 3－21　通过 O－HT 路线获得的 $NdBO_3$ 的热分析曲线

说明在这个温度区间内存在着明显的相变化过程，即所合成的硼酸钕晶体的晶相从六方相转化成其他晶相，可能是三斜晶系的高温相（H－$NdBO_3$），也可能是正交晶系的常温相（L－$NdBO_3$）。为了验证此时产物的晶相结果，我们做了从1 200℃到室温的程序降温的DSC曲线，从降温曲线明显的显示出，在温度降低到802℃～758℃之间时出现一个相对较小的放热晗变，热容变（ΔCp_2）仅为0.877 J/g·K，峰值为790.2℃左右，这个结果说明在降温过程中同样存在着晶体的相变过程。升温晗变（ΔCp_1）和降温晗变（ΔCp_2）上的巨大差异（$\Delta Cp_1/\Delta Cp_2=3.76$）表明在所考察的温度范围内，此种物质的相变化是一种不可逆的相变化过程。也就是说六方相的硼酸钕通过高于762℃的热处理，然后再冷却后，样品将转变为其他晶相结构，而不能复原。这个过程不可逆相变过程可以用 $A \xrightarrow{heating} B \xrightarrow{cooling} C$ 描述，根据前人研究的结果[183-185]，硼酸钕存在有高温相和低温相，因此对于所合成的六方相的硼酸钕来说，其不可逆相变过程可以描述成：在程序升温过程中，样品从六方相（假-球霰石型）结构（A）在温度为750℃～800℃之间发生相变而转化为三斜相（高温相 H－$NdBO_3$）结构（B）；在降温过程中，高温相结构则在750℃～800℃之间发生相变却转化为正交相（文石型低温相L－$NdBO_3$）结构的低温相（C）。

为了验证上述热分析结果，我们取少量的硼酸钕样品被放置在两个氧化铝坩埚中，然后分别加热到500℃和1 000℃，在设定的温度下恒温保持20 min后自然冷却至室温。热分析后残留物、两个不同温度烧结的样品的XRD图谱和FTIR图谱被列举在图3－22中。从XRD中可以看出，在500℃下处理10 min后，产物依然保持六方相结构，但是各个峰的衍射强度变化非常明显，(0002)，(0004)和(0006)晶面组的发育获得巨大的促进，他们的衍射峰强度比(10－10)和(01－12)晶面组明显的要强许多。这种变化可能要归因于晶体的优先成核和生长的特性。相对应的SEM照片（图

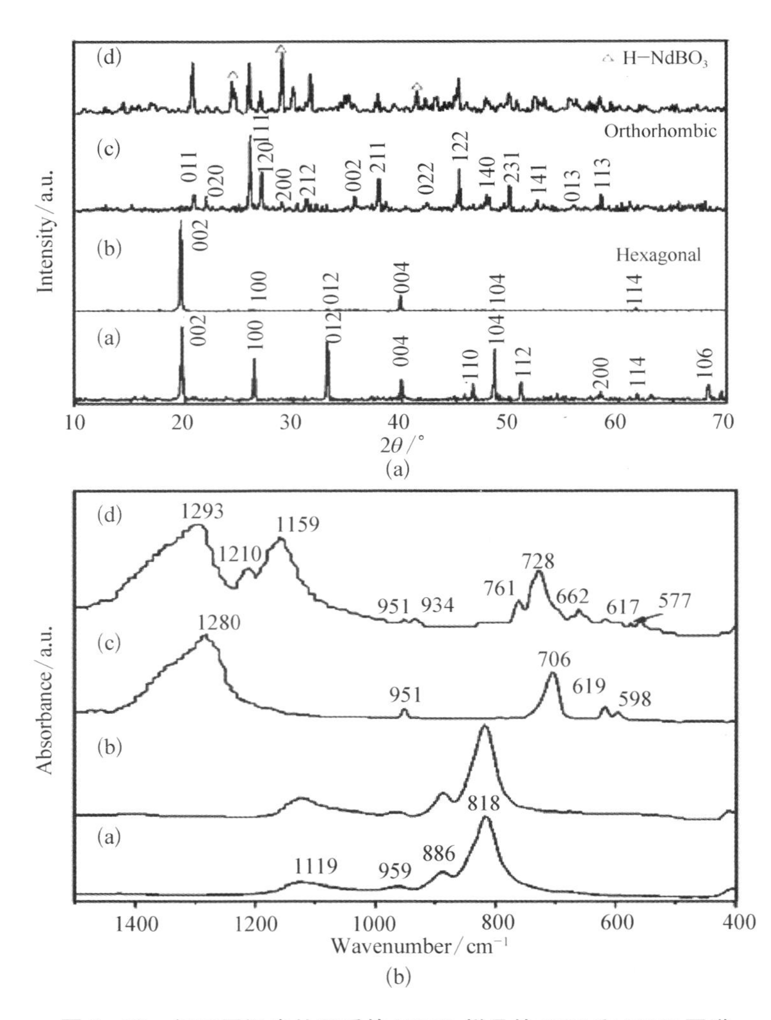

图 3-22　经不同温度处理后的 $NdBO_3$ 样品的 XRD 和 FTIR 图谱

3-23(a))和没有加热的 SEM 照片相比，晶体的生长是沿着特殊晶面的优先生长，导致了产物具有更大的粒径随着晶体的生长。XRD 结果和热分析 DSC 结果相一致，即证实了在 727℃以下时，样品只存在形貌的改变而没有发生相变化，六方相的硼酸钕在此温度范围内保持稳定。当温度升高到 1 000℃并保持 20 min 后再冷却后得到的样品的 XRD 图谱(图 3-19(c))显示，此时获得的产物是纯的文石型的(正交晶系)的硼酸钕，JCPDS 的卡

图 3－23　经不同温度处理后的 $NdBO_3$ 样品的 SEM 照片

号为 12－0756，这说明样品加热到 1 000℃时，样品已经完全发生了相转变，且这样相转变是一种不可逆的。

图 3－22(b)中 FTIR 进一步证实不可逆相变的存在，正交晶相和六方相的硼酸钕中的硼酸根阴离子的构型上存在很大的差异，前者是平面 BO_3^{3-}，后者是 $B_3O_9^{9-}$，所以两种晶相在 FTIR 谱图中显著不同(图3－22(b))。图 3－22(b)的红外谱图显示出，在三种不同的烧结温度下所获得产物的傅里叶变换红外吸收谱存在明显的不同，经 500℃和 1 000℃烧结产生

了明显的不可逆的晶相转变。而 1 200℃经程序降温后得到的红外吸收谱线和纯的正交晶相的硼酸钕之间存在明显的差别，其吸收峰比纯的多出了 1 210 cm^{-1}、934 cm^{-1}、761 cm^{-1}、662 cm^{-1}等，这些吸收峰是由高温相的硼酸钕中BO_3^{3-}的 B—O 振动引起。这个结果和 XRD 分析结果相一致。通过热分析后产物的 XRD 和 FTIR 显示(1 200℃)所获得的产物为文石型的硼酸钕和三斜晶相($H-NdBO_3$)的混合物。从图 3-23(b)、(c)中的 SEM 图片可以看出，当温度升高 1 000℃以上时，尽管和原始样品相比，热处理样品依然保持了片状形貌，但是在纳米片样品表面明显的展现了许多溶洞，片的厚度增加到 100 nm 以上。

上述实验结果进一步演示了不可逆相变过程，系列研究结果和热分析结果一致。我们认为不可逆相变过程应归因于不同的 BO 阴离子基团，包括 $B_3O_9^{9-}$ 和 BO_3^{3-} 两种。在加热相变过程中，六方相的硼酸钕的环状 $B_3O_9^{9-}$ 阴离子被破坏，并被分解成 BO_3^{3-} 阴离子；相反地，在降温的相变的过程中，由于硼酸钕在常压下选择正交晶相的本性导致 BO_3^{3-} 阴离子在常压下不能够重新复原成 $B_3O_9^{9-}$ 阴离子。这个观点可以用于说明为什么在常压下通过烧结的方法不能获得六方相的硼酸钕，因为在这些合成体系中，反应通常在 800℃以上的温度下进行的。按照这个思路，如果提供了适当的压力和温度条件，六方相的硼酸钕有可能通过除水热方法外的其他方法获得。

3.5.4 $REBO_3$(RE=Sm,Dy,Gd,Y,Er)纳米材料的合成及反应机制

1. 产物的 XRD 表征

通过在氧化物水热路线下对合成硼酸镧和硼酸钕纳米材料的成功尝试，我们又进一步的探讨能不能在相似的条件下合成另外一些稀土硼酸盐纳米材料。按照合成硼酸镧和硼酸钕时所选用的实验条件：原料的配比 RE_2O_3(RE=Sm、Dy、Gd、Y、Er)/B_2O_3 = 2.0×10^{-4} mol/2.0×10^{-4} mol，填充度 70%，反应温度 200℃，时间 24 h。图 3-24 展示出反应后所获得产

物的 XRD 图谱，从图 3－24(a)中可以看出实验中所得到的 $SmBO_3$，$DyBO_3$ 和 $GdBO_3$ 产物的衍射峰和硼酸钕的衍射峰基本一致，它们的衍射图谱也很容易地在 JCPDS 标准物质的粉末 X 射线衍射数据库中检索到。这些物质的晶体都属于六方相的假球霰石的简单晶格结构，空间群为 P63/mmc (194)。我们利用 MDI Jade 软件对所得样品的 XRD 进行了相关的计算，精化了所得产物的晶格参数，结果见表 3－2。通过对比可知，实测值和理论值基本吻合。然而在同样的条件下，我们却没有能够得到纯的硼酸钇

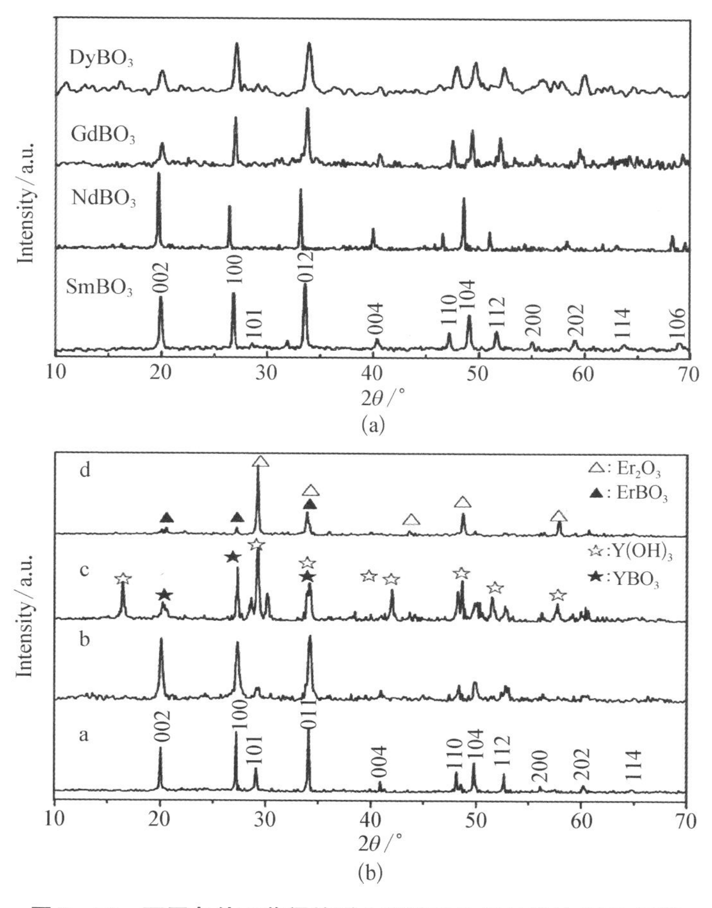

图 3－24　不同条件下获得的稀土硼酸盐纳米材料的 XRD 图谱

(YBO_3)和硼酸铒($ErBO_3$)产物，而是得到了它们和其没有完全反应的氧化物或氢氧化物的混合物(图 3-24(b))。

表 3-2　获得的稀土硼酸盐产物的晶胞参数

	Cell lattice parameters						JCPDS No.
	$a_{(cal)}$	$a_{(cor)}$	$a_{(ref.)}$	$c_{(cal)}$	$c_{(cor)}$	$c_{(ref.)}$	
$NdBO_3$	3.899 5	3.900 88	3.896*	9.010 3	9.019 66	9.028*	—
$SmBO_3$	3.865 5	3.854 18	3.862	8.920 3	8.934 98	8.978	74-1930
$GdBO_3$	3.830 9	3.829 18	3.829	8.871 2	8.896(0)	8.89	13-0483
$DyBO_3$	3.776 4	3.776 48	3.793	8.820 9	8.848 21	8.847	74-1933
YBO_3	3.779 3	3.779 26	3.776	8.834 0	8.828 15	8.806	88-0356
$ErBO_3$	3.767 2	3.765 66	3.767	8.817 7	8.806 56	8.807	74-1935

*: Henry (1976)[215]

为了得到 YBO_3 和 $ErBO_3$ 的纯品，我们设想了两种方案：一是提高反应温度；二是添加适当的助剂。实验结果发现温度提高到 280℃，反应时间仍设为 24 h 的条件下，依然获得不了纯净的硼酸钇和硼酸铒(图3-25)。这个结果表明，在以聚四氟乙烯为衬底的高压反应釜中(通常其耐热温度小于 300℃)，按照与合成硼酸镧和硼酸钕的合成途径，只通过提高反应温度是不能够实现获得纯净单一产物的目的。我们转而投向加入适当的助剂的方法，在研究中发现，当反应中引入少量的 EDTA 二钠盐(Na_2H_2L)之后，不论是在 280℃下，还是在 200℃下经氧化物水热路线都可以顺利地获得纯的硼酸钇和硼酸铒样品，产物的 XRD 图谱分别展示在图 3-25 和 3-24(b)中。这个结果表明，EDTA 具有催化该反应的作用，这种催化作用我们认为应该归因于 EDTA(Na_2H_2L)的阴离子和 Y^{3+} 和 Er^{3+} 的螯合作用，它能够促进氧化钇和氧化铒转化为相应的 LnL^-，然后再由 LnL^- 与硼酸反应生成目标产物硼酸钇和硼酸铒。所得产物的晶胞参数也列举在表3-2中。比较这些产物的晶胞参数可知，随着稀土离子的半径的

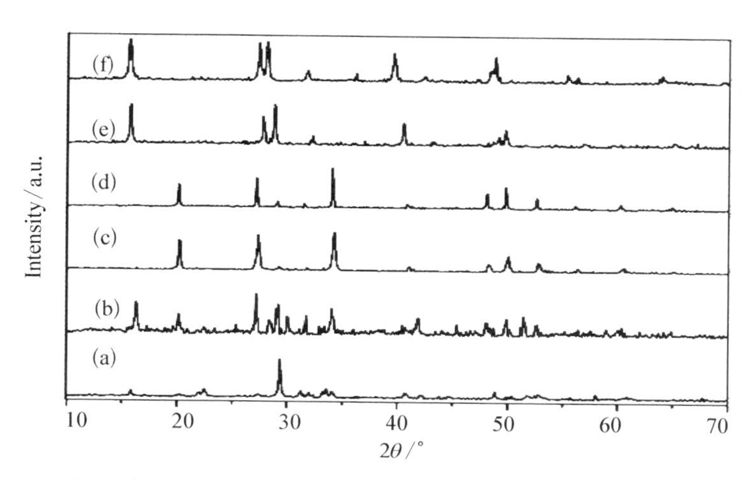

图3-25　在280℃下反应24 h,分别在有无EDTA参与的条件下获得YBO_3(a, c)和$ErBO_3$(b,d)样品,以及在200℃下有EDTA存在下获得的$LaBO_3$(e)和$NdBO_3$(f)产物的XRD图谱

减小,其晶胞参数逐渐变小,这个和文献是一致的。

当我们在200℃下尝试利用EDTA提高合成硼酸镧和硼酸钕的反应速率或产物的形貌时,XRD结果让我们大失所望:没有得到相应的硼酸盐目标产物,而是使反应停留在氢氧化物阶段,分别获得了纯的氢氧化镧和氢氧化钕,图3-25(e)、(f)展示所得到的XRD结果。这种反常的现象,可能是由于EDTA二钠盐的弱碱性导致可逆反应($REBO_3+3OH^- \leftrightarrow RE(OH)_3+BO_3^{3-}$)向右移动,使得反应不能获得相应的硼酸盐产物。

2. 所获得产物的FTIR吸收谱比较

由于稀土硼酸盐存在3种晶系,且阴离子结构不同,导致不同晶系的产物在傅里叶红外变换光谱中存在明显的差别,因而利用FTIR吸收或透过光谱的异同可以很容易区分不同晶型的产物。图3-26展示一组不同三价稀土离子的硼酸盐产物的FTIR谱图,这些盐是通过O-HT路线反应在完全相同条件200℃下恒温24 h获得的。从图中可以看出,$REBO_3$(RE=Nd、Sm、Gd和Dy)具有非常相似的红外吸收特征,它们的峰型完全一致，而和硼酸镧的存在显著的差异。由前面可知 $REBO_3$ 为六方相的假球霰石结构，其阴离子为 $B_3O_9^{9-}$，相反的 $LaBO_3$ 为正交相的文石结构，其阴离子为 BO_3^{3-}。

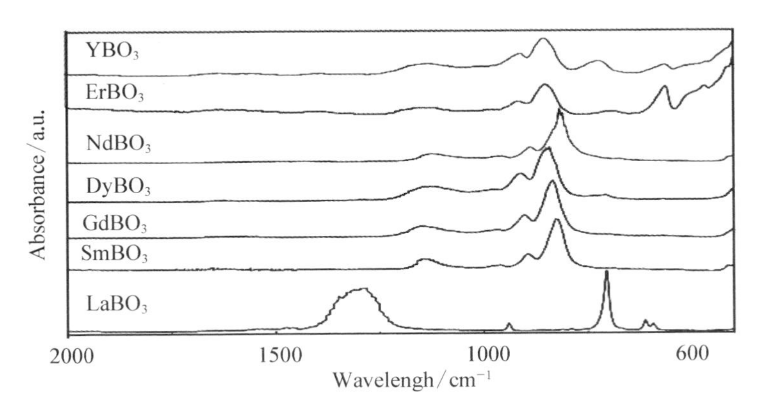

图 3-26　通过 O-HT 路线获得的稀土硼酸盐纳米材料的 FTIR 图谱比较

在同样条件下所获得 YBO_3 和 $ErBO_3$ 样品的红外吸收光谱和所获得的六方相稀土硼酸盐存在有明显的差别，在二者的吸收谱中除了和六方相硼酸盐相似的吸收峰出现外，在所考察的 400～2 000 cm^{-1} 波数范围内还多出了位于 750 cm^{-1} 和 550 cm^{-1} 附近的两个峰。由文献可知纯的 YBO_3 和 $ErBO_3$ 具有六方相的结构，应具有与 $REBO_3$（RE＝Nd、Sm、Gd 和 Dy）相似的红外吸收特征。多出的峰为没有完全反应的残余物，通过检索发现这两峰属于 $RE(OH)_3$ 物质的振动吸收峰，这个结果和 XRD 分析结果亦保持一致。图 3-27 反映在加入 EDTA 时经 O-HT 路线在 200℃下反应 24 h 所获得的四种产物的红外光谱。对比图 3-26 可知：此时所获得的硼酸钇和硼酸铒产物的红外谱图和六方相的硼酸盐基本一致。相反地，硼酸钕和硼酸镧产物中的硼氧振动却完全消失，取而代之的是稀土氢氧化物在 700～600 cm^{-1} 间的 OH 振动吸收峰，这些结果进一步证实了 XRD 的分析结果，也说明利用添加剂或配位剂在同一条件不一定对同一组物质起同样的作用，因而在选择添加剂时是有个案存在的。比较所得的不同六方相的硼酸盐的红外吸收峰位时可以看

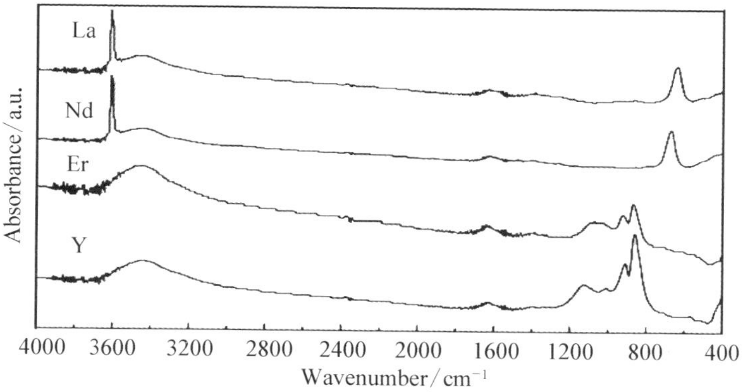

图 3-27　在 EDTA 存在的条件下，经 O-HT 路线获得部分稀土硼酸盐样品的 FTIR 图谱

出：随着稀土离子的半径的减少(Nd^{3+}-Er^{3+})，吸收峰位依次从 816 cm^{-1} 增加到 871 cm^{-1}，这是随着离子半径(r)的减小，其 Z/r(Z：电荷数)的比值增大，导致金属离子与周围氧原子的作用力加强，使得晶体晶格收缩，引起红外振动吸收能量的增大和晶体密度的增加。

尽管确定物质的晶相的经典方法是 X 射线粉末衍射或单晶衍射，但是在稀土硼酸盐的晶相的区分和产物纯度的判定中，红外光谱亦能起到相似的作用。也就是说，傅里叶红外转换光谱可以作为一个有力的辅助手段确定稀土硼酸盐物质晶相和纯度。

3. 在 O-HT 路线下的稀土硼酸盐合成的反应机制

所获得的不同稀土元素的硼酸盐的 XRD 和 FTIR 谱图提供了重要的探讨晶体形成机制信息，尽管它们的形成机制可能非常复杂。由于硼酸镧和硼酸钕的形成机制相似，我们认为 $REBO_3$(RE=Sm、Gd 和 Dy)的形成过程也包括相同的两个阶段：水合阶段和中和阶段。在水合阶段，稀土氧化物和氧化硼在水热的作用下，分别生成稀土氢氧化物和硼酸，硼酸溶于水相中，稀土氢氧化物悬浮在水相中；当稀土氧化物完全转化为 $RE(OH)_3$ 后，中和阶段开始，$RE(OH)_3$ 与 H_3BO_3 间脱水(或称中和)生成相应的稀土硼酸盐。反应表达式列在下式(3-7)～式(3-9)中。但是这个反应过程并不适用于硼酸铒和硼酸钇的合成,因为没有 EDTA 的帮助下,通过单纯的改变温度,无法实现预期的目的。它们的反应机制除了氧化硼与水反应形成硼酸相似以外,其余的过程应该修正为来源于稀土氧化物或其水合物中的稀土离子和 EDTA 阴离子形成配离子的过程,和配合物离子与硼酸作用形成相应的硼酸盐两个反应过程。

$$Ln_2O_3 + H_2O \xrightarrow[< 200℃]{O-HT} Ln(OH)_3 \quad 式(3-7)$$

$$B_2O_3 + H_2O \xrightarrow[< 150℃]{O-HT} H_3BO_3 \quad 式(3-8)$$

$$Ln(OH)_3 + H_3BO_3 \xrightarrow[200℃]{O-HT} LnBO_3 \quad 式(3-9)$$

4. 稀土硼酸盐 $REBO_3$(RE=Sm、Gd、Dy、Y 和 Er)的微观形貌和结构

利用扫描电镜(SEM)或透射电镜(TEM)对所合成 $REBO_3$(RE=Sm、Gd、Dy、Y 和 Er)纳米材料的精细显微形貌进行观察。图 3-28 展示的两组典型的 SEM 照片分别是在 200℃下经 O-HT 路线反应 24 h 后获得 $GdBO_3$(图 3-28(a)、(b))和 $SmBO_3$(图 3-28(c)、(d))样品。图片清楚地显示出所获得的样品为大规模的纳米鳞片状的晶体构成,每个纳米鳞片的厚度分别在 50～53 nm($GdBO_3$)和 55～60 nm($SmBO_3$)左右,大小分别在 1～2 μm($GdBO_3$)和 4～5 μm($SmBO_3$)。$SmBO_3$ 样品的每个纳米鳞片自组装成多层不规则柱状类-薄饼的结构,和 $NdBO_3$ 的纳米薄饼有些相似,但是其聚合度明显的降低。结合硼酸钆样品的单层形貌产物,可以得出在研究的条件下,通过 O-HT 路线所获得的六方相的稀土硼酸盐纳米片状结构材料的粒度和聚合度随着原子序数的增加而降低。

用透射电镜对纳米鳞片状形貌的 $GdBO_3$,$DyBO_3$ 和 $SmBO_3$ 样品做了进一步的表征,所得的代表性的 TEM 照片见图 3-29。从图中可以看出,

图 3－28　经 O－HT 路线合成的 $GdBO_3$(a,b)和 $SmBO_3$(c,d)样品的典型的 SEM 照片

$GdBO_3$为不规则的细鳞片状的纳米薄片构成，产物的直径小于 2 μm(图 3－29(a)、(a′))；$DyBO_3$也是由许多细小鳞片状的纳米片构成，产物的直径比 $GdBO_3$更小，一般不到 1 μm(图 3－29(b)、(b)′)；$SmBO_3$样品是由许多大的鳞片状的纳米片组成，纳米片产物的直径在 3～5 μm 之间(图 3－29(c)、(c′))。这个结果和 SEM 的分析结果相对应，进一步证实了随着原子序数的增大(或离子半径的减小)，产物的粒度和聚合度都在降低。为什么在同样的反应环境下，不同的稀土硼酸盐产物的粒度和聚合度会存在上述规律？我们认为随着稀土离子的半径的减少，稀土离子对 $B_3O_9^{9-}$ 引力(Z/r)增大使得晶体的晶格逐步收缩，然而晶格的收缩会导致 $B_3O_9^{9-}$ 离子的环状结构发生一定的畸变，这样的形变力(Ø)又不利于晶格的稳定。当稀土离子小到一定程度时，稀土离子的对 $B_3O_9^{9-}$ 引力超过环结构的承受能力时，硼氧环状结构将会被破坏，再形成了单 BO_3^{3-} 结构。对于六方稀土硼

图 3－29　经 O－HT 路线获得的 $GdBO_3$(a,a′)，$DyBO_3$(b,b′)和 $SmBO_3$(c，c′)纳米薄饼的 TEM 照片

酸盐纳米片的形成过程来说，在这两种不同的作用下，随着离子半径的减小，晶体生长受到抑制的程度逐步增加，从而导致晶体的粒度逐渐变小，聚合度下降。

图 3－30 更进一步展示了硼酸钐纳米片的精细显微结构，图 3－30(b)是样品图 3－30(a)中标示出所在位置的高分辨透射电镜(HRTEM)照片。从中不难看出，所合成的硼酸钐样品的晶格发育非常完美，没有出现位错、层错、孪晶或包晶等晶体缺陷，是很完美的纳米级片状单晶体。图 3－30C 显示的是图 A 中标示部位的选区电子衍射(SAED)图案，从图案中可以看出精美的六方点阵构型。这张是典型的六方晶格在(0001)平行与 *c* 轴的投影，表明纳米片是垂直与 *c* 轴方向生长。

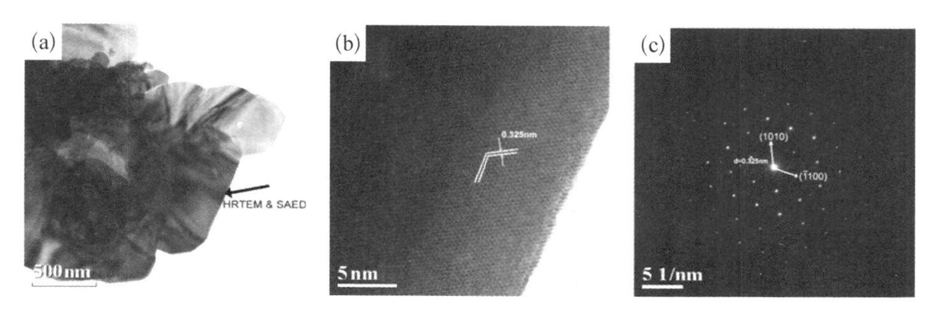

图 3－30　六方 $SmBO_3$ 纳米薄片的典型的 TEM、HRTEM 和 SAED 照片

通过 O－HT 路线，由 EDTA 的帮助，分别在 280℃ 和 200℃ 下反应 24 h所获得的硼酸铒和硼酸钇样品的透射电镜和扫描电镜照片生动的展示在图 3－31 中。从图中可以看出：在 280℃ 下获得的硼酸铒为纳米粒子的聚合体，粒子的大小在 50 nm 左右，聚合体的大小在 300～600 nm；硼酸钇为规则的几何体(球形的，柱状)外形的准纳米结构材料构成，颗粒的粒度在 100～150 nm，长度在 300 nm 左右。在 200℃ 的反应温度下，图 3－31(c)、(d)分别展示所获得的硼酸钇的 SEM 和 TEM 照片，它们清楚地表明该产物是由多数圆形薄片状的纳米片或准纳米薄片构成，纳米薄片的厚度在 100～200 nm 不等，大小在 300～500 nm 之间；硼酸铒样品的 TEM 和 SEM 照片分别展示在图 3－31(e)、(f)中。从照片中可以看出，产物为仍为纳米粒子的聚合体，有片状的聚合体，也有颗粒状的聚合体，这些聚合体没

图 3-31　在 EDTA 存在的前提下，分别在 200℃ 和 280℃ 下反应 24 h 获得的 $ErBO_3$ 和 YBO_3 的典型的 TEM 和 SEM 照片

有较规则的几何外形。造成这种结果的原因，可能要归因于 EDTA 的加入使得晶体的生长环境发生了改变，晶体的生长不再遵循自身生长的习性，而是受到了 EDTA 的影响，获得不了和前面几种六方相稀土硼酸盐相类似的片状纳米材料，而是获得了一些粒子状的纳米颗粒。

3.5.5　Sm^{3+} 离子掺杂 $GdBO_3$ 纳米材料的 XRD 和 SEM 表征

硼酸钆是一种重要的发光基质，通过稀土离子掺杂能够使得产物具有优良的光致发光或电致发光性能，能不能利用 O-HT 路线获得稀土离子掺杂的硼酸钆产物是决定该合成路线工业化前景的重要方面，因而在试验中尝试利用一些稀土氧化物取代部分氧化钆进行掺杂试验。图 3-32 展示了利用 Sm^{3+} 离子取代部分钆离子后得到产物的粉末 X 射线衍射图谱。产物的获得是以 $xSm_2O_3 : (1-x)Gd_2O_3 : 1B_2O_3 (0.025 \leqslant x \leqslant 0.125)$ 的原料比例，通过氧化物水热合成路线在 200℃ 反应 24 h。从 XRD 结果可以看出：在不同的掺杂浓度的条件下所获得产物的晶相和硼酸钆的完全一致，

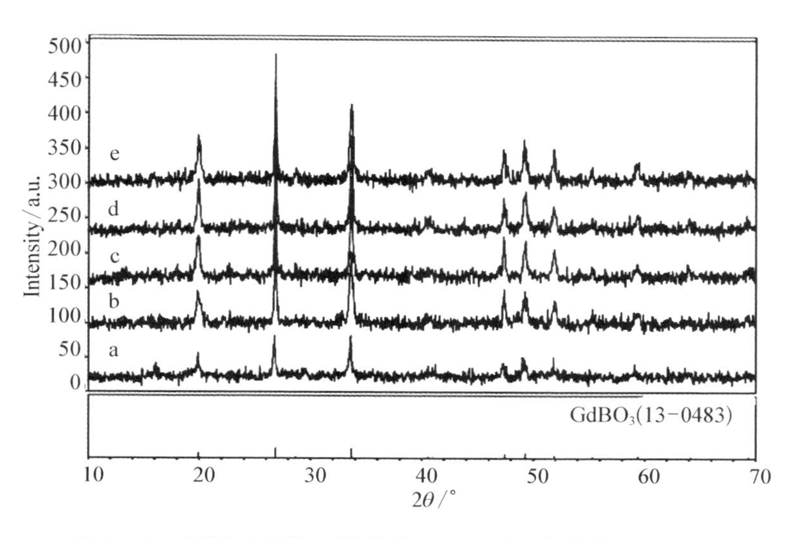

图 3-32　不同浓度的 Sm^{3+} 掺杂 $GdBO_3$ 纳米薄饼的 XRD 图谱

产物的结晶度随着掺杂量的增加而增加。

XRD 结果表明 Sm^{3+} 离子的引入不仅没有降低硼酸钆的生成速度，反而还促进了晶体的生长。这个结果和前面用 Sm^{3+} 或 Dy^{3+} 离子掺杂硼酸镧时的结果出现了明显的不同（Sm^{3+} 或 Dy^{3+} 掺杂硼酸镧时导致产物的生成速率明显的下降，见 3.5.2 目）。我们认为造成这种相反现象的原因在于利用 Sm^{3+} 或 Dy^{3+} 掺杂硼酸镧时，$SmBO_3$（或 $DyBO_3$）和 $LaBO_3$ 的晶相不同，硼酸根的形式也不同，Sm^{3+} 或 Dy^{3+} 代替了部分 La^{3+} 后导致了晶体晶格发生了畸变，使得晶体的生长变慢；而在 Sm^{3+} 掺杂硼酸钆时，$SmBO_3$ 和硼酸钆属于同一六方晶相，且 Sm^{3+} 离子比 Gd^{3+} 的半径大，更容易与环状的 $B_3O_9^{9-}$ 结合形成六方相结构，在 Sm^{3+} 取代了部分 Gd^{3+} 离子后，使得硼酸钆晶体的晶格变大。晶体晶格体积变大减弱了 Gd^{3+} 离子对硼氧环的作用力，硼氧环的畸变减少，更有利于硼氧环的形成。也就是说 Sm^{3+} 掺杂不仅没有削弱晶体生长的动力，反而更有利于晶体生长。这个推测由通过 XRD 衍射峰所计算得出的掺杂后产物的一个晶胞的体积由 112.96 $Å^3$ 到 113.57 $Å^3$ 的增加趋势得以证实（表 3-3）。

表 3-3　不同浓度 Sm^{3+} 掺杂 $GdBO_3$ 纳米薄饼样品的晶胞参数

Concentration (mol%)	a(Å)	c(Å)	V(Å³)
0	3.829(1)	8.896(0)	112.96
2.5	3.829(0)	8.89(0)	112.88
5.0	3.835(3)	8.906(1)	113.45
7.5	3.838(3)	8.893(2)	113.47
10	3.837(1)	8.931(5)	113.89
15	3.834(5)	8.918(3)	113.57

图 3-33 展示了典型的代表性的不同浓度 Sm^{3+} 离子掺杂的硼酸钆样品的扫描电子显微照片(SEM)，它们的浓度依次是 2.5 mol%(图 3-33(a)、(a′))，7.5 mol%和 15 mol%。图 3-33(a)、(a′)表明当 Sm^{3+} 离子浓度为 2.5 mol%时，获得的产物为纳米薄饼和纳米粒子的混合体，纳米薄饼是由许多边缘不规则的圆片构成，它们的直径大约在 500～1 000 nm，厚度在 200～300 nm 左右；随着 Sm^{3+} 离子浓度增加到 7.5 mol%，不规则纳米颗粒基本消失了，取而代之的是大量的纳米薄饼，这些纳米薄饼都是由许多的纳米片构成，纳米薄饼的直径大约在 1 000～1 300 nm，厚度大约在 500～600 nm；当掺杂离子浓度增大到 15 mol%，图 3-33(c)、(c′)显示样品是全是由纳米片组装成的纳米薄饼构成，薄饼的直径在 1 500 nm 左右，厚度在几百纳米不等。比较 SEM 结果可知，随着掺杂量的增加，产物的粒度和厚度都有所增加，证实了 Sm^{3+} 离子掺杂过程确实促进了产物的形成的由 XRD 结果得出的结论。

3.5.6　产物的光学性质探讨

1. 稀土硼酸盐的紫外-可见吸收光谱特征

利用紫外-可见(UV-Vis)分光光度计对所合成的稀土硼酸盐进行了光吸收表征。取一定量的样品超声分散到无水乙醇体系中，以乙醇为参

图 3－33　不同浓度 Sm^{3+} 掺杂 $GdBO_3$ 纳米薄饼的 SEM 照片

比，以氙灯为光源，所得的结果见图 3－34。图中列举的是通过 O－HT 路线在 200℃反应 24 h 获得的 $REBO_3$（RE＝La，Nd，Sm，Gd 和 Dy）。从图中可以看出，除了硼酸镝在 210 nm 左右有小的吸收带出现外，所合成的稀土硼酸盐纳米材料对近紫外和可加光基本上是全透性的，没有明显的吸收区间或吸收峰存在。这一结果表明，所合成的稀土硼酸盐可以作为高等的紫外-可见光透过材料或反光材料，在光学上有着广泛的应用前景。

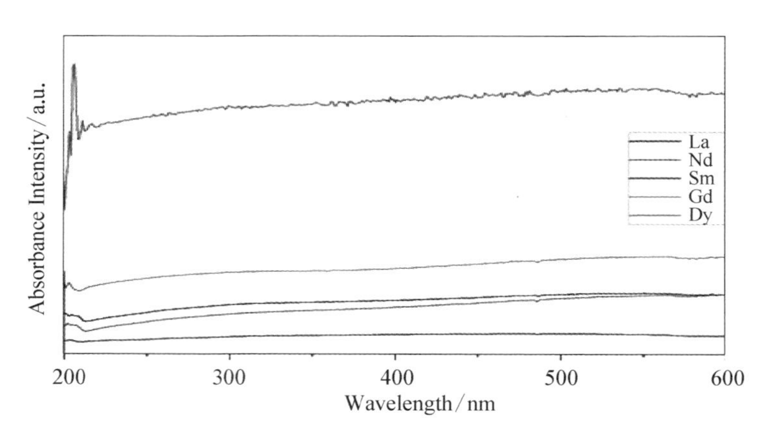

图 3-34 经 O-HT 路线获得的 $REBO_3$(RE=La, Nd, Sm, Gd and Dy)纳米材料的紫外-可见光吸收光谱

2. 稀土硼酸盐的荧光性能探讨

(1) Sm^{3+} 掺杂 $LaBO_3$ 纳米材料的荧光性能。

由于稀土离子特有的 4f 电子轨道结构,使得稀土离子有着特殊的发光性能。但是对于纯的稀土单组分硼酸盐来说,发光性能并不突出,这是因为单组分稀土硼酸盐中由于稀土离子相互间存在着强的浓度猝灭效应,因而在获得高荧光效率的稀土荧光材料,通常都是采用少量的稀土离子掺杂的方式进行。在前面,我们成功地演示了利用掺杂方式能够顺利地使 $LaBO_3$ 纳米捆脱聚合成纳米棒,我们选用的掺杂离子为具有荧光性能的 Sm^{3+} 和 Dy^{3+},因而掺杂后的产物的荧光性能引起了我们极大的兴趣。

图 3-35(a)展示了不同浓度的 Sm^{3+} 离子掺杂后的硼酸镧纳米棒在激发波长为 403 nm 时的室温荧光性能曲线。从图中可以看出,产物在 437 nm 附近有个强的发射带,这个发射带在纯硼酸镧中也存在,说明这个发射带应归因于硼酸镧本身,而于掺杂无关,但是在 500～680 nm 之间,硼酸镧没有出现明显的发射带,而掺杂后的产物中明显地显示出 Sm^{3+} 离子在可见光区的特征红黄光发射谱线,图 3-35(a)中的插图是图 3-35(a)中样品在 525～730 nm可见光范围内的发射谱线的放大图。从图中可以较清楚地看到 Sm^{3+}

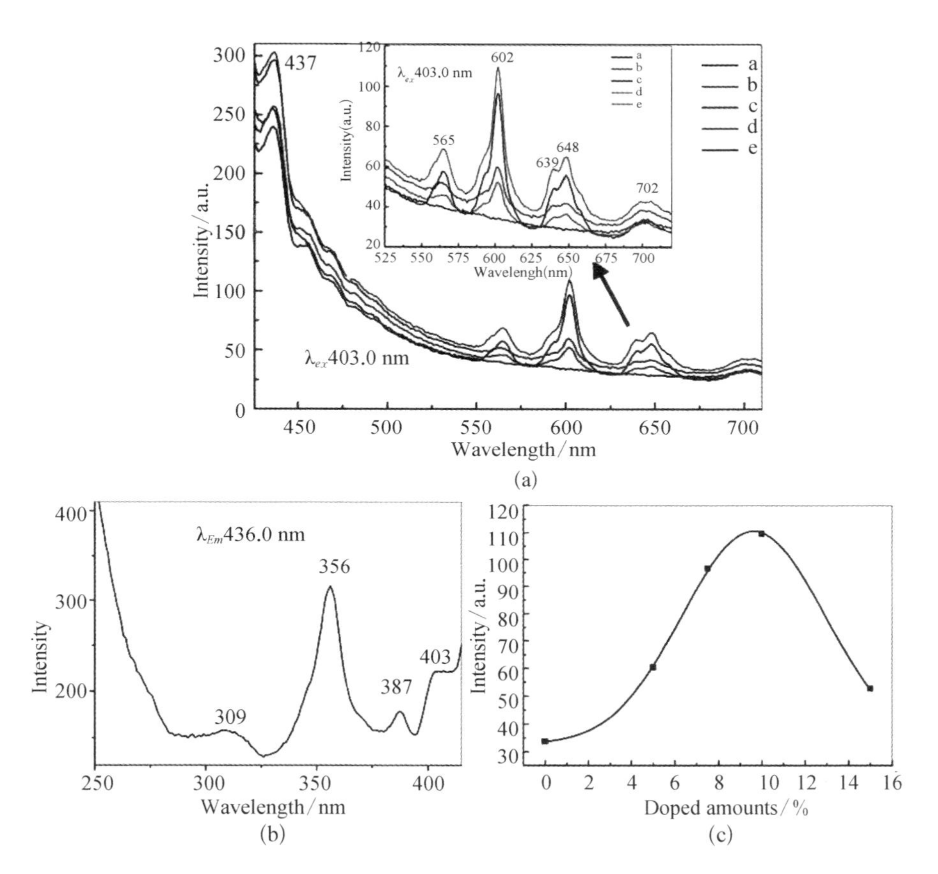

图 3-35　不同浓度的 Sm^{3+} 掺杂 $LaBO_3$ 纳米棒的室温可见光区的荧光性能

的 565 nm、602 nm 和 648 nm 三个主发射带，分别相对于 Sm^{3+} 离子的 $^4G_{5/2}\rightarrow {}^6H_J$ ($J=5/2$、7/2 和 9/2)之间的跃迁，其中 602 nm 左右的发射强度在这三个发射带中最强。图 3-35(b)显示的是 5 mol% Sm^{3+} 掺杂的硼酸镧产物的激发谱，从图中可以看出，在 250～410 nm 范围内，样品存在广泛的激发区域，包括 309 nm、356 nm、387 nm 和 403 nm 四个激发带。我们选用了可见光激发。

从图 3-35(a)中可以进一步发现，不同浓度的 Sm^{3+} 会引起产物的荧光发光强度，以最强的 600 nm 左右的发射峰强度与掺杂量之间的关系拟合一曲线得出图 3-35(c)，由拟合的结果得出掺杂量和荧光强度之间的关系可以用高斯数学模型(Gauss mathematic model)中的高斯曲线描述：

$$Y = 32.688 + \frac{634.1763}{6.49107 \cdot \sqrt{\pi/2}} \cdot \exp\left[-2 \cdot \left(\frac{(x-9.6159)}{6.49107}\right)^2\right]$$

$$(R^2 = 0.99956)$$

Y，荧光强度(Photoluminescence Intensity)；x，Sm^{3+} 离子浓度(Concentration of Sm^{3+})，R，相关系数(Related coefficients)。

通过计算，最优的 Sm^{3+} 离子掺杂量大约在 9.62 mol%附近。结果说明，稀土离子掺杂能够使产物具有一定的荧光性能，在掺杂过程中，存在着掺杂离子浓度的极值，在低于这个值之前，产物的荧光强度随着掺杂量的增大而增加，但是二者不一定是线性关系；当掺杂量超过极值后，产物的荧光强度反而随着掺杂量的增加，迅速降低。掺杂量的增大导致荧光强度下降的现象可以利用浓度猝灭现象来解释。

(2) Dy^{3+} 掺杂 $LaBO_3$ 纳米材料的荧光性能。

Dy^{3+} 掺杂的硼酸镧纳晶的荧光性能，在同样的 403 nm 的激发波长下进行了测定，结果见图 3-36，插入图片是用 437 nm 的发射波长扫 5 mol% 的 Dy^{3+} 掺杂的硼酸镧的激发谱。从发射谱中可以看出，不论是纯的硼酸镧、硼酸镝，还是不同浓度镝离子掺杂的硼酸镧纳米材料，它们在 437 nm 附近都存在一个强的发射带，但是在其他可见光范围内则无发射带。这说明在可见光激发下，镝离子掺杂后的产物并没有显示出其特征的在 480 nm 左右和 540 nm 左右的两个发射带。这可能与激发波长有关，即利用可见光激发时，达不到镝离子中电子跃迁所需要的最小能量，这样镝离子的发射光谱就无法显现。在以 437 nm 的发射峰扫 5 mol% Dy^{3+} 的激发谱时，可知产物在 200～400 nm 的紫外波范围内存在 308 nm、356 nm、389 nm 和 406 nm 四处激发峰，其中 356 nm 处的激发强度最高。这个接近常规荧光灯激发波长，由于硼酸镧的发射峰在 437 nm 附近，因而可以作为新的荧光增白剂。

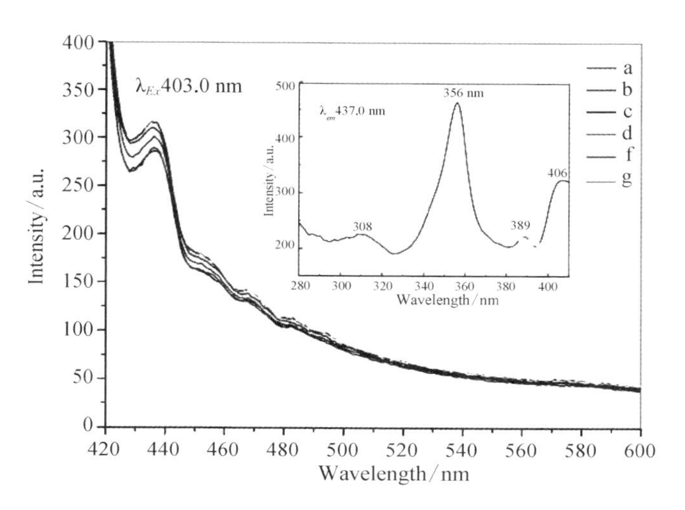

图 3－36　不同浓度的 Dy^{3+} 掺杂 $LaBO_3$ 纳米棒的室温可见光区的荧光性能

3.6　本 章 小 结

(1) 进一步拓宽了 O－HT 合成路线的应用范围，成功地应用到稀土类硼酸盐纳米材料的合成。

(2) 首次合成了硼酸镧纳米棒束，通过 Sm^{3+} 或 Dy^{3+} 掺杂过程实现了纳米棒束的脱聚合，形成低聚合的纳米棒。产生这种现象的原因是掺杂离子代替了部分镧离子，由于掺杂离子的离子半径比镧离子小，且掺杂离子和硼酸根离子形成的硼酸盐晶体和硼酸镧晶体存在很大的差异，导致改变了产物的晶体生长界面的作用力变弱，使得晶体生长发育速度减慢，从而形成了宏观的脱聚合现象的产生。

(3) 首次合成了六方相硼酸钕及其多层自组装的纳米薄饼结构材料，确定了产物的晶体类型、晶格结构及合成的条件；利用六方相和正交相晶体的红外光谱存在明显的差异和 XRD 的类比确定了所合成的硼酸钕的晶体为六方相的结构。推测了六方相硼酸钕的形成的原因：① 离子半径比接近 0.71；② 六方相的硼酸钕的密度比正交相的硼酸钕的密度高；③ 反应在高压环境下进行的。

（4）以硼酸钕纳米晶体的合成为例，探讨了温度、反应时间、溶液的酸碱度、容器的填充度对产物的影响。结果发现，反应时间和温度对产物的形成起到重要的作用，反应必须在一定的温度以上才能达到获得目标产物的目的，通常温度高于 180℃；反应时间以反应温度的变化而变化，但是目标产物都需要适当的反应时间后才能出现。在我们所研究的温度条件下，纯的稀土硼酸盐的获得是在一定的 pH 范围内的（5≤pH≤7（空白试验）），pH≤1 时，获得不了产物，反应物将溶解到反应体系中；pH＞7 时，将只能收获稀土氢氧化物。

（5）探讨了硼酸镧纳米材料的热稳定性；证实了六方硼酸钕的在热变过程中的不可逆相变的过程，其相变过程可以表示成 $A \xrightarrow{heating} B \xrightarrow{cooling} C$：六方相硼酸钕（A）在加热过程中的相变温度下转化为高温相的三斜晶相的硼酸钕（B）；在冷却的过程中，在相变温度范围内，由高温相的硼酸钕（B）转化为正交相的硼酸钕（C）。

（6）首次合成了六方相的硼酸钐、硼酸钆和硼酸镝纳米片，揭示了随着稀土离子的半径的减小或稀土元素的原子序数的增大，形成六方相稀土硼酸盐的难度增大。表现为随着三价稀土离子的半径减小，所获得的硼酸稀土盐的纳米片的粒度和自组装度都降低。这归因于离子半径的减小，离子对环状 $B_3O_9^{9-}$ 的引力增大，导致硼氧环的畸变，硼氧环的畸变导致晶体的形成和晶体生长难度增大。

（7）试验证实利用 O－HT 合成路线，在没有配体作用的时候，直接利用氧化铒或氧化钇与氧化硼或硼酸反应得不到相应的稀土硼酸盐。在有 EDTA 的作用下，在相对中温的 200℃即可以获得相应的硼酸盐产物，这归因于 EDTA 能促进氧化铒和氧化钇的溶解，生成相应的配合离子，再由配离子与硼酸反应生成相应的硼酸盐。EDTA 的引入减弱了离子半径的减少对硼氧环的吸引力，使得六方相的硼酸盐更易形成；相反的，如果在合成硼酸镧或硼酸钕的体系中，引入 EDTA，则生成不了相应的硼酸盐，只能得到相应的氢氧化物。

（8）在 O－HT 路线下，利用稀土氧化物和氧化硼为反应前躯体直接合成相应的硼酸盐。反应的过程通常是分成两个阶段进行：氧化物水合阶段，稀土氧化物与水反应生成相应的氢氧化稀土碱，氧化硼与水反应生成硼酸；中和阶段（脱水阶段），氢氧化稀土碱与硼酸在一定条件下脱水，或称为中和反应过程，形成相应的硼酸盐。其中两个阶段是分开进行的，也就是说，在反应的第一个阶段没有完成之前，第二个阶段的反应不会发生。通过这样的反应体系，在适当的控制反应时间或温度的条件下，可以选择性地获得稀土氢氧化物或稀土硼酸盐。实现了“一石二鸟”的合成策略。

（9）通过稀土离子掺杂，不仅可以降低晶体或反应的速度，如 Sm^{3+} 或 Dy^{3+} 掺杂过程实现了硼酸镧纳米棒束的脱聚合；也能够促进晶体的生长，如利用 Sm^{3+} 掺杂硼酸钆纳米材料，随着 Sm^{3+} 离子浓度的提高，促进了晶体的生长和发育，获得了高聚合度的，大尺寸的硼酸钆纳米薄饼。这种现象产生的原因是归因于离子半径的变化和晶体结构的关系。Sm^{3+} 或 Dy^{3+} 掺杂硼酸镧纳米棒的脱聚合作用，是由于它们取代了部分镧离子的格位，导致了晶体的畸变，使得晶体生长速度减缓所致。Sm^{3+} 和 Gd^{3+} 与硼酸结合形成的硼酸盐都是六方的；Sm^{3+} 的离子半径较 Gd^{3+} 离子大，这样大的离子替代了部分小离子，增大了晶胞的体积，减弱了硼氧环的畸变，更有利于晶格的形成，促进了晶体的生长发育。由于晶格内的作用力减弱，硼氧环的层见作用力加强，从而形成了多层自组装的纳米薄饼结构。

（10）所合成的产物在 200～800 nm 的光范围基本上无吸收，因而可以作为很好的光透性材料。

(11) Sm^{3+} 掺杂硼酸镧纳米棒具有很好的可见光激发发光性能，不同浓度的 Sm^{3+} 离子的发光遵循高斯曲线，掺杂量为 9.62 mol%附近时，样品的荧光强度达到最大值。Dy^{3+} 掺杂后的硼酸镧样品不具有可见光激发发光的性能，但是稀土硼酸盐具有在 437 nm 左右的发光特性，可以作为很好的荧光增白剂。

第4章 稀土磷酸盐纳米材料的O-HT法构筑

4.1 引　　言

稀土元素无论被用作发光(荧光)材料的基质成分,还是被用作激活剂、共激活剂、敏化剂或掺杂剂,所制成的发光材料,一般统称为稀土发光材料或稀土荧光材料[217-223]。20世纪90年代以来,为了发展更优良的长余辉发光材料,人们尝试使用稀土,成功开发了二价铕和其他稀土离子掺杂的绿色、蓝绿色及蓝色长余辉发光材料。目前商用的蓝色长余辉发光材料是铕、镝激发的铝酸钙($CaAl_2O_4$:Eu,Dy),绿色长余辉发光材料是铕、镝激发的铝酸锶($SrAl_2O_4$:Eu,Dy),其发光强度、余辉亮度及余辉时间均超过传统的碱土金属硫化物发光材料,而且在空气中的化学稳定性比硫化物优良,但缺点是浸泡在水中容易发生分解。

稀土磷酸盐系列荧光粉具有高光效、光衰小、热稳定性能良好等优点[224-227]。其中,磷酸盐系列中蓝色荧光粉具有主峰,移动空间大,色度坐标控点多的特点,有利于在混粉中获得最佳的光色、光效和良好的显色指数 $Ra \geqslant 88$,进一步提升了光照质量,有利于减少视觉疲劳。

近年来,一维纳米结构材料(例如纳米线、纳米管、纳米棒)的合成引起了人们的极大兴趣。稀土化合物具有独特的光学、催化和磁学性质，它们已经引起了人们的不断关注和研究。$LaPO_4$ ：Ce，Tb（简称 LAP）是稀土三基色荧光粉中一类重要的高效绿色发光粉[228-231]。1976 年，荷兰 Philips 公司开发了 Ce、Tb 共激活的多铝酸镁绿色荧光粉，该荧光粉存在以下缺点：烧成温度高，合成周期长，烧成后的粉体硬，后处理困难，收率低。因此，作为铝酸盐的替代物，Ce、Tb 共激活的磷酸盐绿粉近年来研究较多，在工业上也已被越来越多地应用。稀土磷酸盐光效高，制备温度比铝酸盐低，颗粒比铝酸盐细，发光颜色偏黄，色坐标 x 值高，配混灯用荧光粉时有利于节省昂贵的稀土红色荧光粉，所以开发稀土磷酸盐具有重要意义。

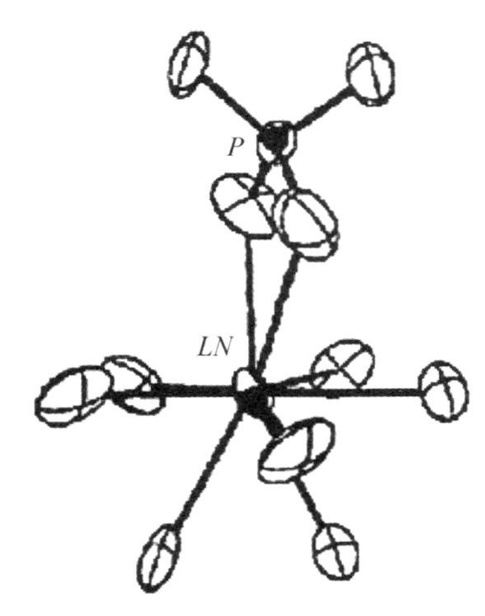

图 4-1　单斜相稀土磷酸盐中稀土离子与氧原子配位的空间结构示意图

稀土磷酸盐 $REPO_4$ 存在同质异构体[232,233]。一种是四方晶系磷钇矿结构（Xenotime），另一种是单斜晶型的独居石结构（Monoclinic）。对 $LaPO_4$ 来说，La 原子与 9 个 O 原子相连（图 4-1）。单斜结构可得到高效的 Tb^{3+} 激活的绿色磷光体。在 $LaPO_4$ 中，在 200～300 nm 范围内有一强的 Ce^{3+} 的激发光谱，而 Ce^{3+} 的发射带从 300 nm 延伸到 400 nm，峰值在 320 nm 处。在 $LaPO_4$ 中，Ce^{3+}—Ce^{3+} 的传递几率相当高。由于 Ce^{3+} 的发射光谱与 Tb^{3+} 的激发光谱交叠，离子间发生耦合作用，在 254 nm 激发下，Tb^{3+} 发生主要借助于 $Ce^{3+} \rightarrow Tb^{3+}$ 的能量传递。$LaPO_4$ ：Ce，Tb 的发光包括两部分，一部分是位于长波紫外区很弱的 Tb^{3+} 的发光，它是 Ce^{3+} 的 $^5d \rightarrow {}^7F_J$ 跃迁发射结果；另一部分是很强的 Tb^{3+} 的 $^5D_4 \rightarrow {}^7F_J$ 的跃迁发射，主峰在绿区。

水热法是一种在密闭容器内完成的湿化学方法[234-239]，水热法研究的温度范围在水的沸点和临界点(374℃)之间,通常使用的是130℃～250℃之间,相应的水蒸气压是0.3～4 MPa。相对于其他制备方法,水热法制备的纳米晶粒具有发育完整、颗粒度小且分布均匀、颗粒团聚较轻、可使用较便宜的原料,易得到合适的化学计量物质;晶粒物相、线度和形貌可通过控制水热反应条件来控制;可获得结晶完好的纳米晶而无须高温煅烧处理,避免了煅烧过程中造成的粉体硬团聚、缺陷形成和杂质引入,等等。

水热法是制备纳米材料一类被广泛研究且较为成熟和完善的方法,通过该类合成途径获得了数以万计的纳米材料和孔纳米材料,在国内有大量的科学家或课题组从事与水热相关的合成研究[240-243]。以制备稀土磷酸盐纳米材料为例,Wu[244]等人采用Gd_2O_3、La_2O_3、Tb_4O_7和$(NH_4)_2HPO_4$作为初始物质,按照化学计量比加入各种氧化物并且在加热条件下溶于稀硝酸中。将$(NH_4)_2HPO_4$溶解在配好溶液的上层清液中,控制溶液的pH值在2左右,将混合溶液倒入高压反应釜,填充至40%处。在240℃下水热反应6 h,得到良好的纳米掺杂稀土磷酸盐晶体。Fang等[245]采用水热法制备单斜晶态的稀土磷酸盐纳米线,实验中观察到了产物从六方相单斜晶型的转化过程,所制得的晶体结构十分牢固。加热至900℃下煅烧仍然十分稳定,产物几乎都是纳米线/纳米棒,直径范围为5～120 nm,长度从几百纳米到几个微米不等。文中还研究了掺杂其他稀土元素后荧光性能的变化,成功制得了掺杂了Eu的磷酸盐纳米发光材料,结果还表明掺杂了Ce后制备得到的纳米粒子的荧光性和固体磷酸铈相比有很大不同,生成的产物均为纳米线主要是由于晶体的生长具有较强的各向异性,所以一直围绕c轴生长。$LaPO_4$/Tb,$LaPO_4$/Ce/Tb,和(La, Gd)PO_4/Tb等荧光材料通过相同的方法制备得到。

虽然利用传统水热法制备可以获得稀土磷酸盐纳米材料,产率也较高,但是仍然尤其不足之处:① 需要对pH值进行严格的控制;② 步骤相对来说,较为烦琐;③ 由于用盐参与反应,避免不了产生副产物,原子效率不高，同时增大了后处理的难度；④ 晶体中可能混有杂离子。为了克服这些不足，我们尝试了利用前面建立起的氧化物水热法。它和传统水热法的比在如下的几个方面实现了突破：① 用氧化物直接做原料（或用氧化物和磷酸为直接原料），省去了氧化物转化成可溶性盐的步骤；② 反应过程中不需要控制反应体系的 pH 值，省去了精确调节反应体系的 pH 范围的酸碱滴定步骤；③ 由于原料中只存在氧化物和磷酸，反应配比为 Ln/P＝1∶1，不产生副产物和杂质，后处理比较简单，更容易工业化转化。

4.2 原料和仪器

实验所用的化学试剂皆购于上海国药集团：氧化镧（99.99%）、氧化钕（4N）、氧化钐（4N）、氧化钇（99.9%）、氧化镝（99.9%）、氧化铒（99.9%）、氧化钆（4N）、硼酸（99.5%）、七氧化四铽（4N）、硝酸（分析纯 65%）、乙二胺四乙酸二钠盐（EDTA）（99%）、五氧化二磷（99%）、磷酸（85%）、无水乙醇、十六烷基三甲基溴化铵（CTAB）、聚乙二醇（PEG）分子量范围 400～1 000、聚乙烯吡咯烷酮（PVP）。

所需的试验设备和表征仪器列举在表 2－1 中。

4.3 实验方法

利用氧化物水热合成路线合成稀土类磷酸盐纳米材料的反应步骤和合成稀土钒酸盐纳米材料相似，只是大部分反应的反应温度表现在 160℃。以典型的磷酸镧的合成为例，反应过程大体如下：选取 10 mL 容量的聚四氟乙烯内衬的不锈钢高压反应釜作为反应器，在反应釜中依次加入 0.2×

10^{-3} mol 的 P_2O_5（在干燥的通风橱中称取）、0.2×10^{-3} mol 的 La_2O_3 和 5～8 mL 的去离子水（部分反应要加入少量的添加剂），利用超声波使之充分混合后密闭反应器；把反应器放入数字控温炉中设定温度为 160℃，持续恒温加热 24 h；反应结束后取出反应器自然冷却到室温；利用去离子水离心洗涤 3～4 次样品后，在利用无水乙醇再离心洗涤样品 2～3 次；最后获得的样在 60℃下真空干燥后密封保存即得相应的产物。

4.4　产物表征

对获得的产物进行一系列的理化表征。选用德国布鲁克公司出品的装配有石墨单色滤光片的 Cu K_α 射线源（$\lambda=1.540\ 56$ Å）X 射线粉末衍射仪（XRD）确定产物的晶型和纯度，实验中，采用的扫描的速率为 $0.02°s^{-1}$、扫描的 2θ 角范围 10°～70°、操作电压和电流分别是 40 kV 和 40 mA，利用粉末衍射分析软件 Jade（5.0 版）进行采集和计算晶体的晶胞参数和晶面指标。样品的 FTIR 数据通过美国尼高利公司产的傅立叶红外转变波谱仪采集，此设备装备有 TGS/PE 探测器和单晶硅光束分离器，具有 1 cm^{-1} 的分辨率，表征样采用溴化钾压片法制样。利用荷兰飞利浦公司出品的扫描电镜观察和获得样品的微观外部形貌，扫描电镜在加速电压为 20 kV，真空度为 10^{-4} Pa 的条件下进行。样品的微观结构和形貌利用日本理学的透射电子显微镜（高分辨透射显微镜）获得，该仪器装备有选区电子衍射仪和光电子能谱仪，选用的加速电压为 200 kV。产物的热稳定性和含水量选用德国耐驰公司的热重-差热测量仪进行测定，温度范围从 40℃～1 200℃，升/降温速率 20℃/min。样品的紫外-可见吸收性能由紫外可见漫反射或紫外分光光度计测定。常温荧光光谱用美国埃克莫公司的 LS-55 测定，以氙灯为光源。

4.5 结果与讨论

4.5.1 磷酸镧纳米材料合成条件和反应机制探讨

1. 反应时间对获得产物的影响

(1) 产物 XRD 结果分析

在制定反应条件时,认为稀土氧化物与五氧化二磷的反应相对于稀土氧化物与五氧化二钒反应要容易进行,这是因为五氧化二磷容易与水反应生成相应的磷酸,磷酸是中强酸,金属氧化物与中强酸发生反应通常较容易一些。传统的水热合成稀土磷酸盐或掺杂磷酸盐的温度大都采取 140～170℃的中温条件,因而我们设定反应温度为 160℃。其他的反应条件控制为 P/La 元素的摩尔量比为 1.0,反应体系的填充度为 70%,反应时间从 1～48 h 不等,不加入任何酸或碱或添加剂。经 O-HT 合成路线得到的 $LaPO_4$ 粉末状样品首先用 X-射线粉末衍射仪进行测定,几种具有代表性产物的 XRD 衍射图谱列举在图 4-2 中。

图 4-2(f)展示的是反应进行 1 h 时获得的产物的 XRD 谱图,从图中可以看出,产物中已经不存在稀土氧化物或其水合物的衍射峰,更不存在五氧化二磷的衍射峰,这个结果充分说明五氧化二磷和氧化镧在 O-HT 体系中已经完全反应。通过对所获得的 XRD 谱图进行标准检索后,发现在这种条件下获得的产物和 JCPDS 卡号为 46-1349、空间群为 P、化学式为 $LaPO_4 \cdot 0.5H_2O$ 的六方相磷酸镧晶体一致;产物的晶格参数计算数据为 $a=0.71(1)$ 和 $c=0.6494(2)$ nm,这个数据和标准卡片相符。当反应超过 6 h 后,在不同时间下所获得产物的 XRD 衍射峰的峰位基本相同。但是它们和 1 h 时获得产物的 XRD 存在着明显的差别,通过检索得知此衍射谱对应于稳定的单斜晶型的磷酸镧,该晶体属于空间群: P_{21}/n (14),标准卡号为 JCPDS

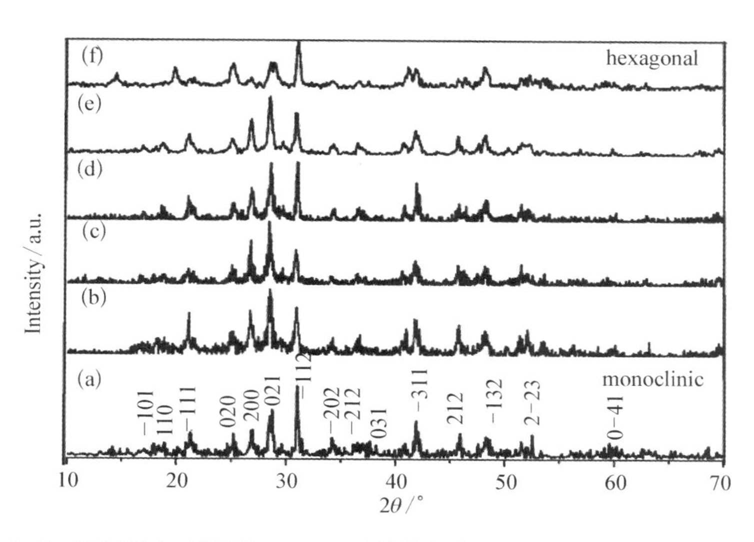

图 4－2　不同反应时间下经 O－HT 路线获得的 $LaPO_4$ 纳米材料的 XRD 图谱

84－0600，从 XRD 谱图中的数据计算得到反应参数为 a＝6.820 2(7) Å，b＝7.042 (1) Å，c＝6.490 1(8) Å 和 β＝103.77°。XRD 结果表明随着加热时间逐渐延长，产物的晶形由六方逐渐转变为单斜晶型的晶体。从 XRD 谱图中还可以看出加热时间超过 6 h 所得产物为纯单斜晶型的晶体。仔细对比不同时间获得的磷酸镧样品的 XRD 谱图后发现，反应时间为 6～24 h 时，随着反应时间的增加，位于 2θ＝31°左右的(－112)晶面族的衍射峰的相对强度明显增大。这个结果表明，$LaPO_4$ 晶体在生长过程中显示出了各向异性生长的趋势，所得到的 $LaPO_4$ 纳米线/纳米棒是优先围绕着[001]方位生长的，即围绕 c 轴生长，即随着反应时间的增加，所得到的纳米线的长度量会不断增加。然而，当反应超过一定时间后，从反应进行到 48 h 后获得产物的 XRD 图谱可以看出，(－112)晶面族的强度又明显的要低于(021)晶面族，这表明纳米线的长度的增加并不是直接和时间成比例的，而只是在合适的反应时间内成比例关系。以 24 h 获得产物的 XRD 谱线利用的峰的半峰宽(FWHM)B 值通过谢乐(Scherr)公式($D_{hkl}=k\lambda/B\cos\theta$)算出此时获得产物的晶体的直径大小约为 30 nm，长度大约在数百纳米。

（2）产物的 FTIR 谱图分析

由于产物的晶体类型不同，可能引发晶体的红外吸收峰的微小变化，因而，我们在实验过程中对在不同时间下获得的产物进行了红外 FTIR 表征，所得的代表性的实验结果见图 4-3。从图中可以清楚地看出，当反应时间超过 6 h 后，所获得产物的 FTIR 谱图基本一致，且除了两个由水分子振动引起的位置分别在 3 440 cm^{-1} 和 1 638 cm^{-1} 处的红外吸收峰外，所有产物的红外吸收峰特征都和文献中的单斜相 $LaPO_4$ 的 FTIR 谱图相吻合。Hezel[246] 证实在 $LaPO_4$ 的单斜晶型的晶体结构中，PO_4^{3-} 应该属于空间结构 C_1 群对称的，位于 539 cm^{-1}、558 cm^{-1}、578 cm^{-1} 和 611 cm^{-1} 处的四个特征峰属于 ν_4 振动区域，而位于 952 cm^{-1}、993 cm^{-1}、1 014 cm^{-1}、1 059 cm^{-1} 和 1 090 cm^{-1} 处的五个特征峰则属于 ν_3 振动区域。在 ν_4 振动区域中，四个峰两两成对显示 $LaPO_4$ 的单斜晶型的结构中磷酸盐空间点群的特征吸收峰。在 ν_3 振动区域中，五个峰显示的是 $LaPO_4$ 的单斜晶型的结构中 La^{3+} 离子采用 9 氧配位模式导致 PO_4 四面体发生扭曲所形成的特征吸收峰。

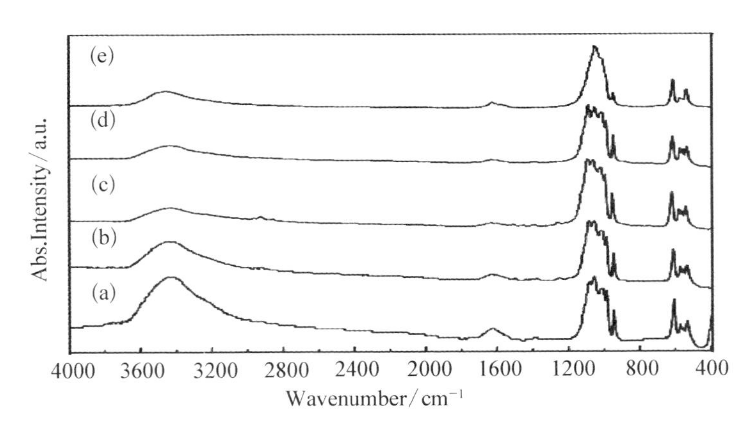

图 4-3　不同反应时间下经 O-HT 路线获得的 $LaPO_4$ 纳米材料的 FTIR 图谱

图 4－3(e)中的红外谱图明显反应 1 h 时和反应时间超过 6 h 的反应体系得到的 FTIR 谱图不同，这应归因于磷酸盐点群在空间结构排布时晶格的定位不同。根据相关的 FTIR 文献[232，233，246]和 XRD 结果可知，产物为六方相的磷酸镧。因为经过 1 h 反应得到的样品的红外谱图中存在着由 $LaPO_4$ 六方晶体中磷酸盐点群的特征振动引起的如下几个特征峰：位于 ν_4 区的 544 cm^{-1}、582 cm^{-1}、614 cm^{-1}处的 3 个峰；位于 ν_1 区的 951 cm^{-1}处的一个峰；位于 ν_3 区的 1 020 cm^{-1}、1 050 cm^{-1}处的两个肩峰或合并成一个单峰。因此不论从不同时间所获得产物的 XRD 结果还是从产物的红外谱图中可以明显看出，在氧化物水热合成体系中，随着反应时间的延长，产物中存在着磷酸镧的六方晶型向单斜晶型转变的相转变过程。

(3) 160℃下反应 24 h 获得产物的电镜分析

为了进一步了解所获得的产物微观结构和形貌是不是和通过 XRD 图谱计算出的结果相一致，我们首先以 160℃下反应 24 h 后所获得的磷酸镧产物为考察目标，利用扫描电镜(SEM)、透射电镜(TEM)、高分辨透射电镜(HRTEM)及选区电子衍射(SAED)等表征手段对产物 $LaPO_4$ 纳米材料进行仔细观察。相应的 SEM、TEM、HRTEM 照片以及 SAED 衍射花纹见图 4－4。从 SEM 照片(图 4－4(a))、TEM 照片(图 4－4(b)、(c)和(d))表明所合成单斜相的 $LaPO_4$ 是有形貌均一的线状/棒状一维纳米结构材料构成；这些 1 维纳米棒或线的直径范围为(25±5)nm，长度由几百纳米变化到几微米；照片中显示的高密度的纳米线/纳米棒表明通过该合成路线所得到的 1 维纳米结构材料的产率非常高(接近 100%)，也说明利用 O－HT 路线合成纳米级硼酸镧的思路是可行的、成功的。高分辨透射电镜照片(图 4－4(e))是选择图 4－4(d)中所标识出的单独的纳米线的放大图，显示样品具有完美的单斜晶型结构，标示出的层间距为 0. 626 nm 和 0. 422 nm，它们分别对应于(001)和(－111)两个晶面族。从图中可以看出(001)晶面族的法向量和纳米线的生长轴是平行的，这表明每根纳米线形成了一个单晶

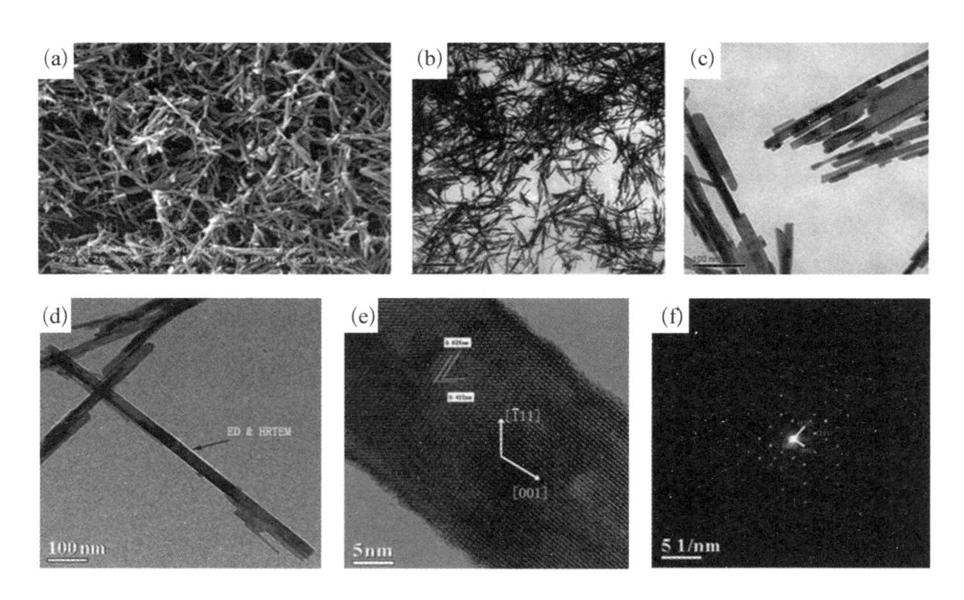

图 4-4 经 O-HT 路线在 160℃ 下反应 24 h 时，所获得的 $LaPO_4$ 样品的 SEM、TEM、HRTEM 和 SAED 照片

态晶体，而且是随着 *c* 轴生长的。HRTEM 的分析结果是对 XRD 的分析结果的进一步肯定。在一根单纳米线上选区得到的电子衍射图（SAED，图 4-4(f)）记录的[1 −1 0]空间轴的生长情况进一步表明所合成的 $LaPO_4$ 是十分良好的单斜晶型晶体。

从以上的结果来看，在没有控制反应体系的 pH 值、不添加任何添加剂和模板的情况下，通过氧化物水热法可以简单的合成高纯度的纳米线/纳米棒。和传统的固相合成方法（反应温度一般要求温度>700℃）相比[247]，获得相同单斜晶相的硼酸镧，反应的温度比其要低 600℃左右；和传统的经典的水热法合成相同晶相的磷酸镧相比，O-HT 方法的优点在于不需要利用稀土盐类和磷酸盐等可溶物做反应前躯体，也不需要调控溶液的 pH 值，后处理简单，反应操作更简便，产物的纯度更高，晶格缺陷小，更环保[248-250]。

(4) 产物的 SEM 和 TEM 分析

在全面考察 160℃，反应 24 h 获得产物的微观形貌的基础上，我们又对在不同时间所获得产物的微观形貌进行了进一步的表征，代表性的 SEM 和 TEM 照片分别列举在图 4－5 和图 4－6 中。从图 4－5 中的 SEM 照片可以看出，在反应进行 1 h 时获得是聚合状的纳米棒（图 4－5(a)），它们的粒径在几十纳米，长度在几百个纳米左右；反应 2 h 时获得的依然是纳米棒状结构材料（图 4－5(b)），棒的粒度和长度与 1 h 相仿；4 h 时获得的是边缘清晰的纳米棒和许多小的纳米粒子混合体；反应时间增加到 6 h 时获得则全是纳米粒子，粒子的粒直径在数十纳米；反应时间继续增加到 12 h 后，产物依然是由许多纳米粒子组成，同时出现了少量的纳米棒；当反应时间达到 18 h 时，产物则全部由纳米棒组成，棒的直径在几十纳米，长度可达几个微米；图 4－5(g) 显示的是反应进行 30 h 时获得产物的形貌为仍为纳米棒，但是棒的长度比 24 h 获得产物的长度要小，直径偏大一些；当反应进行 48 h 时（图 4－5(h)），组成产物的纳米棒变的长度更小，但是粒度增大。

图 4－6 展示的 TEM 照片，让我们更容易地确定不同时间所获得磷酸镧产物的粒径和长度的大小，即产物的更精细的形貌。图 4－6(a)、(a′) 显示在 1 h 时获得产物是由粒度较为均匀的（20 nm 左右），长度在几十纳米到 200 nm 之间短纳米棒构成；图 4－6(b)、(b′) 显示的是 6 h 获得的产物是粒度在十几纳米小且比较均一的纳米粒子构成；当反应时间增加到 12 h（图 4－6(c)、(c′)），所获得的单斜相的磷酸镧已长成短棒状，粒径在十几纳米，长度达 50～60 nm；再继续增加反应时间 6 h（图 4－6(d)、(d′)），纳米棒的长度迅速增加，已由 50～60 nm 增加到数百纳米至 1 μm，产物的粒径仍在 20 nm 左右；当反应进行到 24 h，产物的粒径为 25～30 nm，棒的长度可以达几个微米；反应进行 30 h 时（图 4－6(e)、(e′)），棒的粒径达近 30～40 nm，长度缩短为数百纳米；反应持续到 48 h 时，纳米棒的粒径达 50 nm 左右，长度通常小于 500 nm。通过 SEM 和 TEM 表征证实了不同时间所获得产物的微观形貌和 XRD 表征结果的一致性。进一步说明了在 O－HT 合成体系中，磷酸镧晶体的生长特性和晶相转变特征。

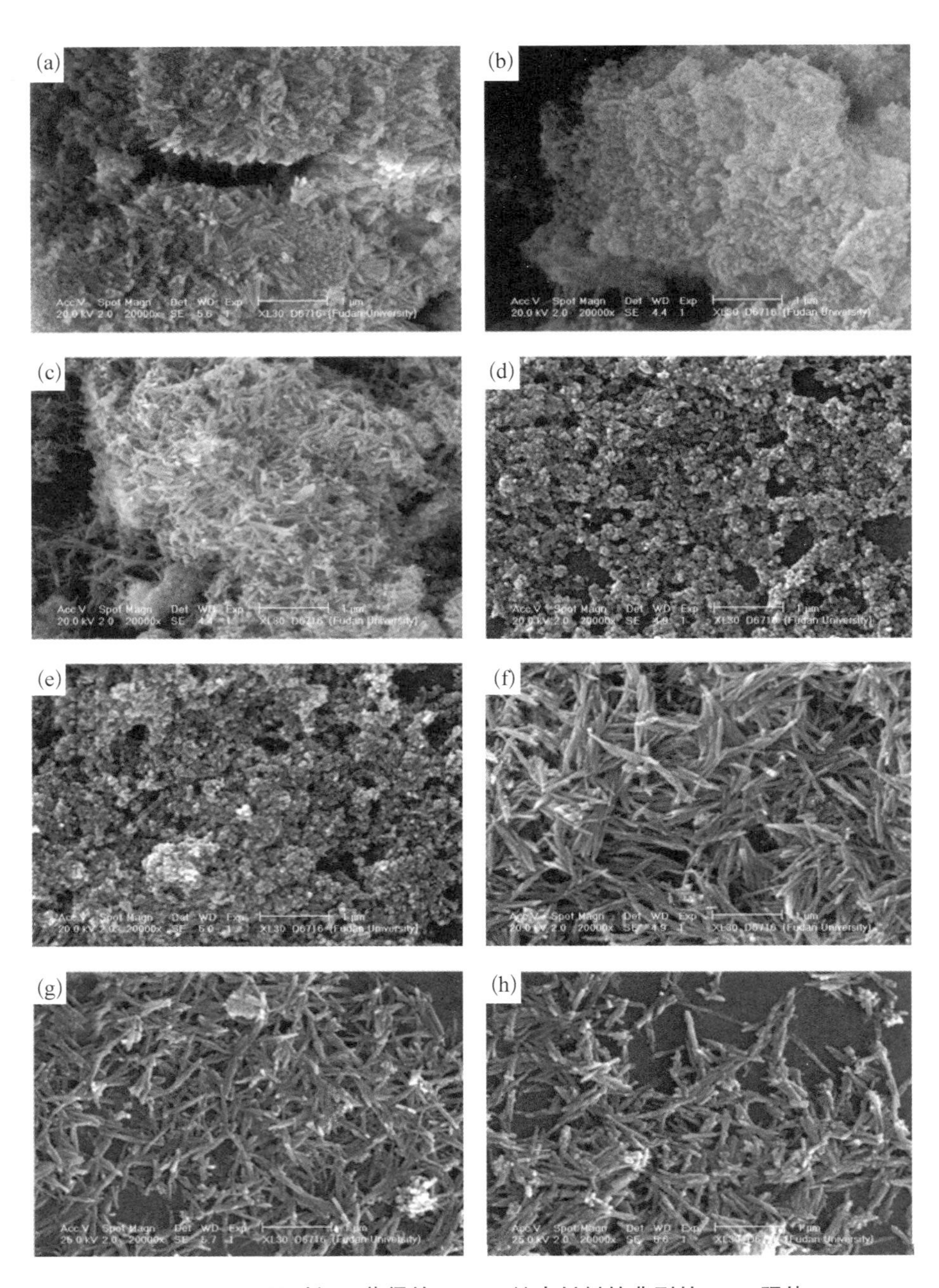

图 4-5　不同时间下获得的 $LaPO_4$ 纳米材料的典型的 SEM 照片

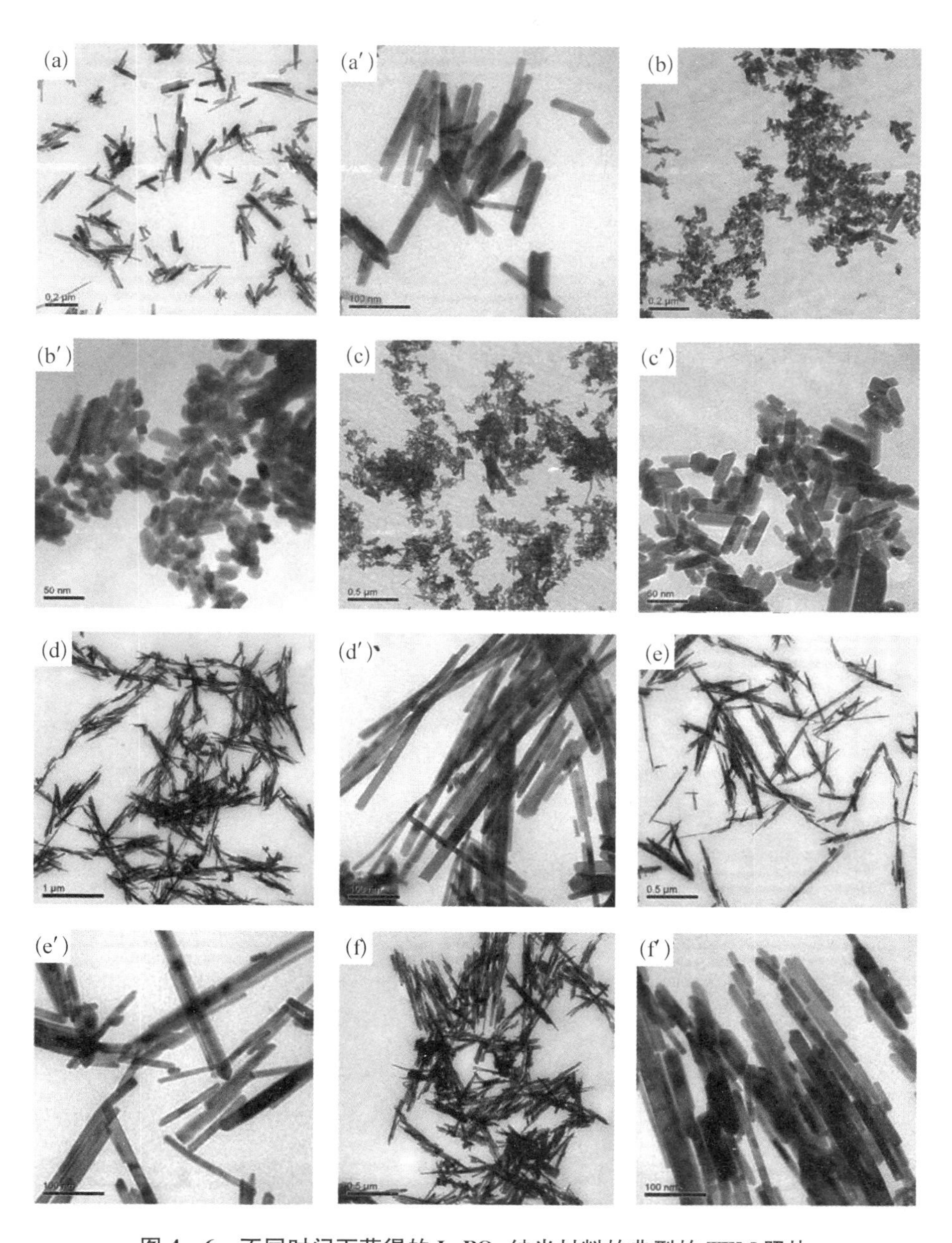

图 4－6　不同时间下获得的 $LaPO_4$ 纳米材料的典型的 TEM 照片

2. 反应温度对产物的影响

(1) 产物的 XRD 和 FTIR 数据分析

在水热过程中,反应温度是一项极为重要的因素,它的高低不仅影响到反应能否进行,还影响到产物的结晶状况,甚至晶体类型。对于新建立的氧化物水热法(O-HT)合成体系,确定反应所需的温度范围对于反应能够顺利进行十分重要。我们采用固定反应时间为 24 h 和固定的物料配比,只改变反应温度,做了一系列不同温度梯度的平行的实验,所有产物代表性的 XRD 和 FTIR 数据列举在图 4-7。图 4-7(a)所展示的 XRD 谱图显示了产物的晶型从六方转化为单斜晶型的相转化过程。从 XRD 数据可以看出,在 100℃～140℃温度范围内得到的 $LaPO_4$ 产物中存在单斜相和六方相混合晶相,且随着温度增加,六方晶型的量明显减少;当温度增加到 160℃以上时,XRD 数据显示为纯的单斜晶型,这说明在此温度下反应 24 h 产物已经完全转化为单斜晶型。从图 4-7(b)所展示的 FTIR 吸收图谱可以进一步证实在 100℃～140℃的温度范围内得到的产物为晶相的混合晶相,随着温度的升高,位于 950～1 150 cm^{-1} 波数范围内的磷酸根的特征吸收峰逐渐由单峰为主的不清晰的宽峰裂分成清晰的 4 重峰。在这个温度范围内,产物的红外吸收图谱介于单斜相和六方相磷酸镧的 FTIR 谱图之间,说明产物的晶相为两种晶相的混合体。

(2) 产物的 SEM 和 TEM 谱图分析

图 4-8 展示了具有代表性的不同温度下制备得到样品的 SEM 和 TEM 谱图。SEM 和 TEM 可以生动地看到不同温度下获得的产物的微观形貌,由列举的图片可以看出不同温度下获得的产物都是由长短不同的纳米棒和纳米线构成。温度从 100℃增加到 160℃,纳米棒的长度明显呈逐渐增加趋势。图 4-8(a)、(d)显示在 100℃所获得的样品是由直径大约 15～20 nm 而长度范围为 40～700 nm 之间的纳米棒构成;随着温度上升至 140℃,几乎所有的纳米粒子都长成纳米线,直径也增加到 15～25 nm,长度

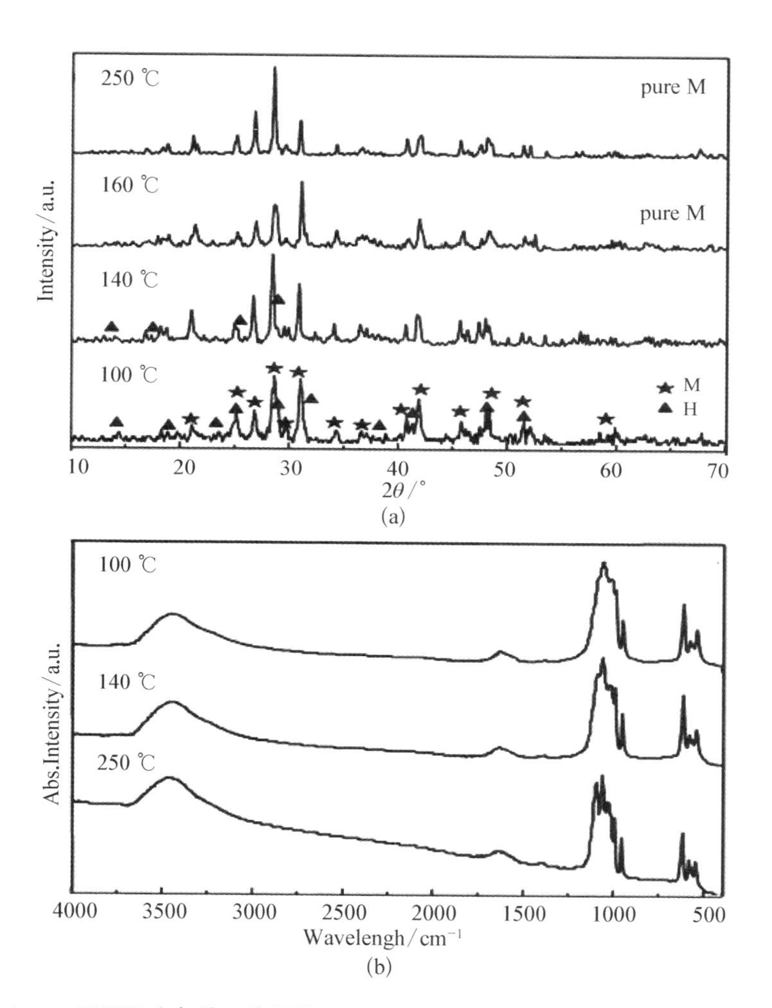

图 4-7　不同温度条件下获得的 $LaPO_4$ 纳米材料的典型的 XRD 和 FTIR 图谱

增加到 500～1 000 nm；较好的单晶态的纳米线在 160℃下制备得到的产物的长度可达到几个微米，直径为 20～30 nm。但是反应温度的升高和纳米棒的长度并不是成正相关的，而是出现了极值。这个结果可以由温度从 160℃变化到 250℃时所获得产物的形貌予以证实。图 4-8(c)、(f)显示在 250℃下所得的纳米棒的长度明显的从几个微米减少至 300～400 nm，相反地直径却增加为 40～60 nm。这样的结果显示所得的产物将随着温度的升

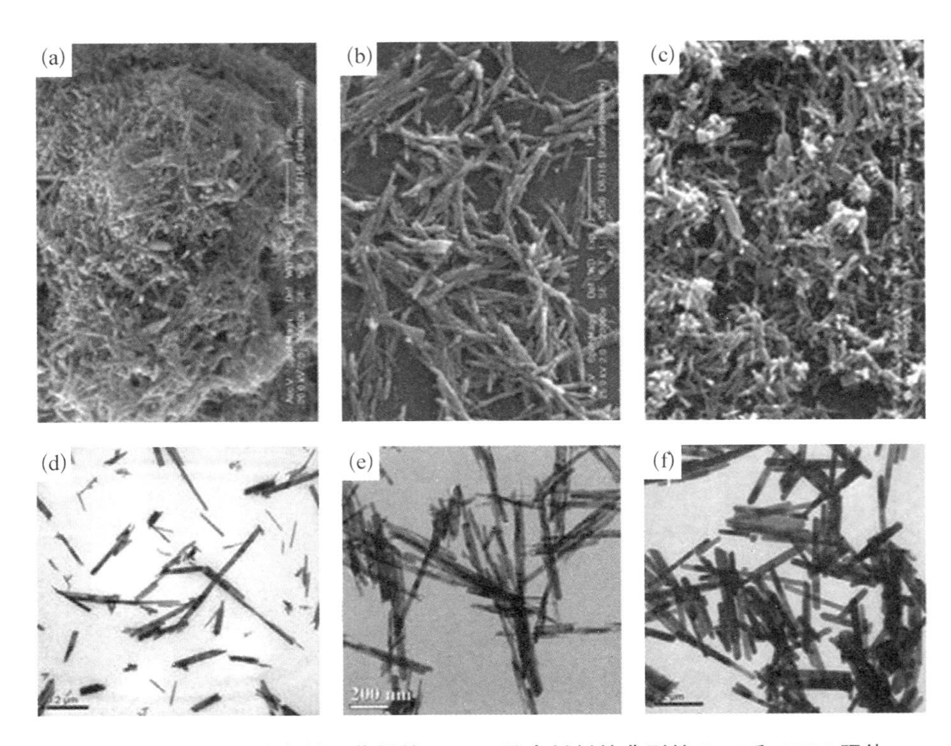

图 4-8　不同温度条件下获得的 $LaPO_4$ 纳米材料的典型的 SEM 和 TEM 照片

高直径会继续增加，而长度将会有一个峰值。$LaPO_4$ 纳米材料的晶体随着温度的升高展现出了更规则的形貌，也就是说，温度越高对磷酸镧晶体的合成越有利，为了获得较长的纳米棒或线，则需要选择适当的反应温度和反应时间。

3. P/La 物质的量之比对产物的影响

(1) 产物的 XRD 和 FTIR 数据分析

稀土磷酸盐只是稀土磷酸盐的一个部分，按照化合物中 P/La 元素的物质的量之比由低到高的次序可以把稀土磷酸盐可分为磷酸盐、焦磷酸盐、偏磷酸盐和五磷酸盐等。在开放合成体系下，材料科学家可以通过控制 P/RE(RE＝稀土阳离子)的值来合成各种稀土磷酸盐。例如，固态合成、燃烧法、溶胶凝胶法等。然而，据我们所知，还没有任何课题组通过在封闭的水热法合成各种不同 P/RE 组成的稀土磷酸盐。因而我们想尝试利用水热方法，通过改变 P/RE 比的方法合成出不同组成的稀土磷酸盐类，同时考察 P/RE 对产物的组成、晶相以及形貌的影响。

一系列实验按照 O－HT 路线，在 160℃反应时间为 24 h，只有P/La 之比改变，采用磷酸代替五氧化二磷(或用五氧化二磷与浓磷酸的混合物)为磷源，氧化镧为镧源的条件下进行。图 4－9 列举了一组代表性的产物的 XRD 谱图。由 XRD 谱图可以看出，尽管原料配比中的 P/La 的比差别非常大，但是所获得的产物的 XRD 衍射峰均与纯单斜晶型的磷酸盐标准衍射峰位相同的结果，这表明所制得的产物均属于单斜晶型的晶体。利用 FTIR 所测得的红外谱图(图 4－10)演示了不同浓度下获得的产物的红外吸收特征完全相同，这个结果也证实了不同 P/La 下获得产物的晶相相同，都是单斜相的磷酸镧，而没有高 P/La 比的化合物出现。通过这一系列的实验证实，通过 O－HT 路线，在设定的温度和反应时间的条件下，只改变 P/La 比的做法是不可能获得高 P/La 比的镧磷酸盐。比较不同 P/La 比下获得样品的 XRD 谱图可以发现：随着 P/La 的递增，属于(－112)晶面族的衍射峰的强度逐步降低，而属于(021)晶面族的衍射峰明显增强，同时各晶面族

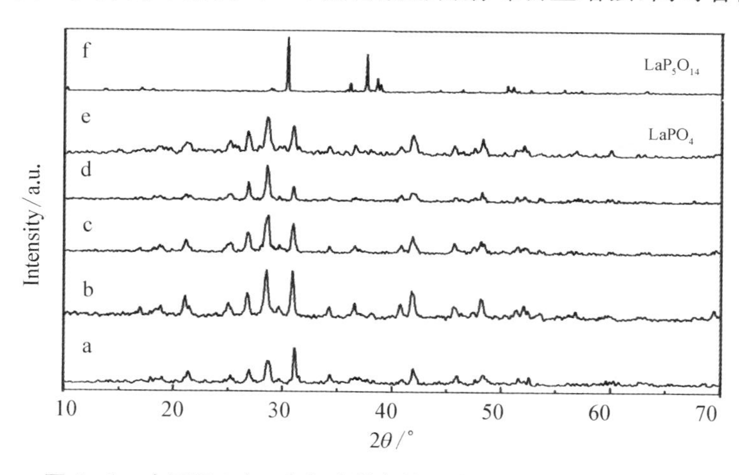

图 4－9　在不同 P/La 摩尔比的条件下获得的样品的 XRD 图谱

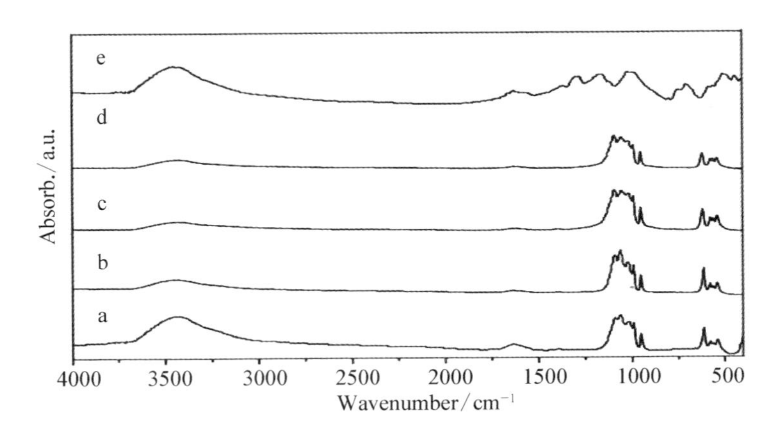

图 4-10　在不同 P/La 摩尔比的条件下获得的样品的 XRD 图谱

对应的衍射峰的半峰宽(FWHM)值也随之增加。这个结果表明随着 P/La 的增大,磷酸镧晶体的各向异性生长的本征受到了抑制,半峰宽的增大,进一步说明所得到产物的粒度在下降,也就是说,高的 P/La 比的条件下,可能得到的是个体更小的纳米粒子。通过 XRD 衍射图谱的结果可以证明高 P/La 不能改变晶体的组成种类,却可以改变产物的尺寸和形貌。

为何在封闭的氧化水热体系中,极高的 P/La 下也不能制得不同种类的磷酸镧化合物?依据上述的实验结果和一些文献[251,252],我们认为在氧化物水热合成体系中不能获得高 P/La 的磷酸盐的主要原因应归因于大量的水存在于封闭的反应体系。这些水来源于添加的去离子水、浓磷酸中的水、五氧化二磷的吸附水以及磷酸和氧化镧反应过程中生成的水。在水热体系中高 P/La 的磷酸盐化合物在形成后会水解或者在高压下在适当的温度自分解成磷酸盐。为了进一步证实上述推测,使用浓度 85%的磷酸 20 mL 和 8×10^{-4} mol 的 La_2O_3 为反应原料,把它们混合后放入敞口的 Al_2O_3 坩埚中,在恒定 800℃的温度下加热 6 h,反应后自然冷却后得到产物,该产物的 XRD 结果(图 4-9(f))和 FTIR 结果(图 4-10(e))证实其为 LaP_5O_{14},所获得的物质为纯的正交晶相的 LaP_5O_{14},空间群为 Pmna(53),

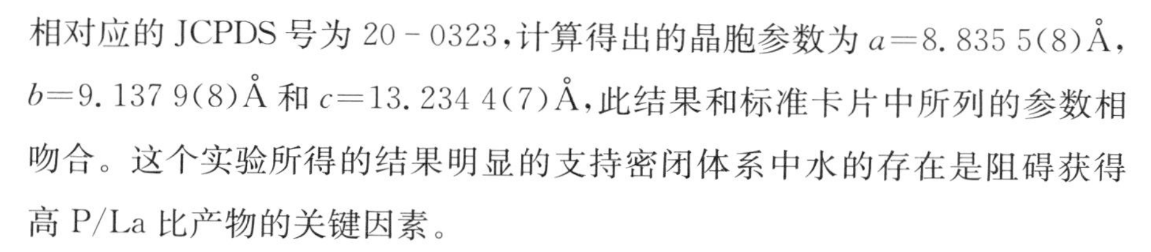
相对应的 JCPDS 号为 20－0323，计算得出的晶胞参数为 $a=8.835\,5(8)$ Å，$b=9.137\,9(8)$ Å 和 $c=13.234\,4(7)$ Å，此结果和标准卡片中所列的参数相吻合。这个实验所得的结果明显的支持密闭体系中水的存在是阻碍获得高 P/La 比产物的关键因素。

(2) 产物的 SEM 和 TEM 谱图分析

为了进一步验证由 XRD 推测出“通过氧化物水热法获得的磷酸镧纳米材料的尺寸随着 P/La 增加而减小”的结论，实验中利用扫描电子显微镜（SEM）和透射电子显微镜（TEM）对所获得的产物进行表征，所得的一组代表性结果见图 4－11。图中的 SEM 和 TEM 照片展示了随着 P/La 增加时，在保持容器的填充度为 70%的条件下，所合成的 $LaPO_4$ 纳米材料的尺寸明显减小的趋势：当 P_2O_5 ∶ La_2O_3 ∶ H_2O 的加入量为 2×10^{-4} mol ∶ 2×10^{-4} mol ∶ 7 mL时，产物为长的纳米棒或纳米线；当反应体系中用 1 mL 浓度为 85%的 H_3PO_4 代替 P_2O_5，加入反应体系中的水减为 6 mL 时（图4－11(a)、(d)），所得到的产物虽然为纳米棒组成，但是其长度已经降低到 500 nm 左右；继续增加浓磷酸的用量，减少去离子水的加入量，用浓度为 85%浓磷酸 7 mL 作为反应介质和磷源，加入 2×10^{-4} mol 的 La_2O_3 时，所获得产 $LaPO_4$ 纳米材料就会从纳米长棒转化成短纳米棒或十分精细的纳米粒子，纳米粒子的大小为 20～40 nm；当用 La_2O_3 和 P_2O_5 作为反应前驱物再加入 85%的浓磷酸溶液作反应介质时，所得到的非均一的纳米粒子的宽度范围变为 20 nm 至 80 nm。为什么 P/La 的增加会导致所获得的纳米材料的颗粒大小降低？我们认为，五氧化二磷或磷酸的量的增加，都会导致反应体系中溶液的黏度增大，且纳米材料表面存在很强的表面能会吸附多余的磷酸分子形成扩散层和类胶团的结构，这种结构的形成减缓或阻止了晶体的生长，所以磷酸的量的增加会形成超细纳米粒子。

4. 反应机理分析

根据不同时间、不同温度下经过 O－HT 路线获得的 $LaPO_4$ 纳米材料

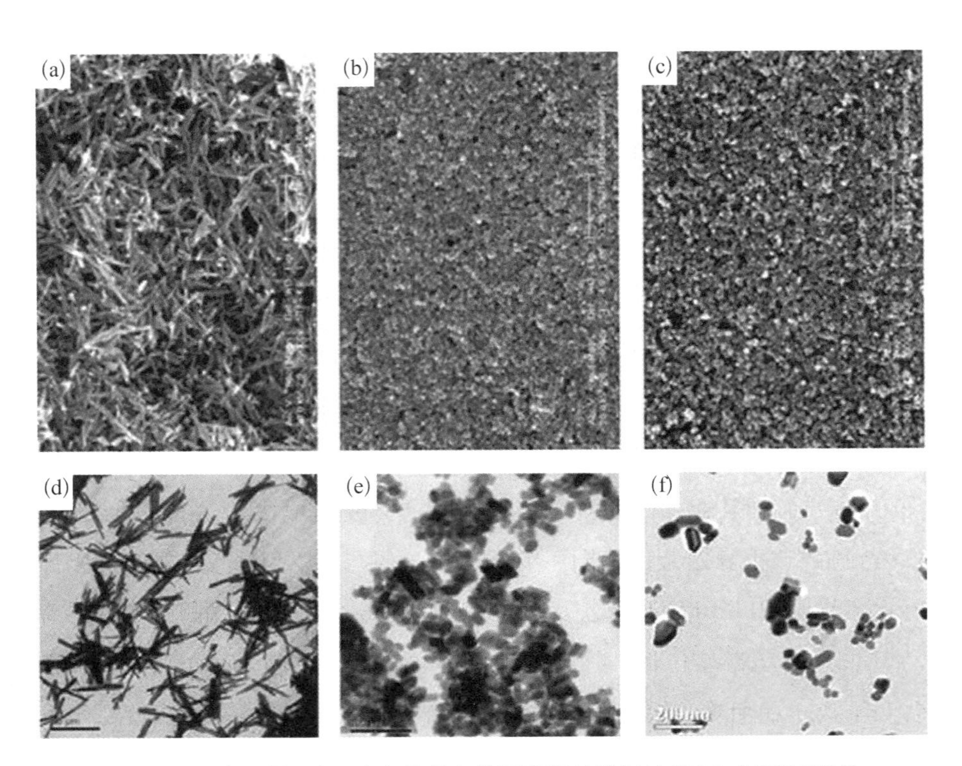

图 4-11　在不同 P/La 摩尔比的条件下获得的样品的 SEM 或 TEM 照片

的实验结果和形貌变化的规律，我们推测 $LaPO_4$ 纳米线的单斜晶型的晶体的形成过程共有 3 个阶段：① 产物的形成及晶相转变阶段。在 1～6 h 内，产物的形貌是由短棒生长略长一些棒，并伴有小粒子的出现，到反应 6 h 时，则完全变成纳米粒子。根据 XRD 结果，这个变化过程归因于产物的相转变过程，在 1 h 形成六方相的磷酸镧，随着反应时间的增加，六方相的磷酸镧纳米棒，发生了溶解重结晶的晶体转变过程。在这个过程中，一部分纳米棒的长度增加，一部分溶解后结晶成单斜晶相，在 6 h 后完全转化为单斜晶相的磷酸镧；② 单斜相磷酸镧纳米棒的生长阶段(6～24 h)，在这个过程中，单斜相的磷酸镧通过溶解重结晶的过程，使得体积小、结构不完整的单斜相晶粒溶解，再重结晶在结晶完美的单斜晶核上，根据磷酸镧的本征异性生长特征，生长成较长的纳米棒或纳米线；③ 平衡阶段，或称为纳米棒的长度生长的抑制阶段（不小于24 h），在这个阶段时，所有纳米棒的结晶度都十分完美，物质的溶解和重结晶速度相同，纳米棒的生长不再和反应时间的增加成正相关，而是会出现一个极大值。在这个反应时间后，产物的长度不再继续增加，而是出现晶体长大长粗的现象，进而延长反应时间会得到大尺度的单晶体。

在第一个阶段，最重要的过程在于制备合成反应的前驱物和水的准备工作、反应过程中的中间试剂以及相转换过程，即从六方转化为单斜晶型的晶体。相关的反应方程式见式(4-1)～式(4-5)。

$$P_2O_5 + H_2O \longrightarrow H_3PO_4 \qquad 式(4-1)$$

$$La_2O_3 + H_2O \longrightarrow La_xO_y(OH)_{3x-2y} \qquad 式(4-2)$$

$$La_2O_3 + H_3PO_4 + H_2O \longrightarrow LaPO_4 \cdot nH_2O\ (Hex.) \qquad 式(4-3)$$

$$La_xO_y(OH)_{3x-2y} + H_3PO_4 + H_2O \longrightarrow LaPO_4 \cdot nH_2O\ (Hex.) \qquad 式(4-4)$$

$$LaPO_4 \cdot nH_2O\ (Hex.) \longrightarrow LaPO_4(Mon.) \qquad 式(4-5)$$

P_2O_5和浓磷酸的效果相同是由于P_2O_5极易溶解而形成具有浓磷酸性质的溶液。在晶体的形成过程中，会有一些水分子被吸附在La_2O_3粉末的表面，使La_2O_3形成水和氧化物$La_xO_y(OH)_{3x-2y}$，从而能被探测到。La_2O_3粒子和H_3PO_4中含水的离子之间相互反应形成$LaPO_4$的六方晶体。相较于在同样条件下用可溶性的盐作为前驱物的温和的溶液中的化学反应，本实验采用氧化水热反应体系，不必添加任何添加剂和模板就可以减少反应产物的聚合，这主要是由于微溶的La_2O_3在反应中的相对反应速率较慢造成的。当然，反应速率同样也受到反应的温度和压强的影响。反应产物从六方晶型转变为单斜晶型的过程在XRD谱图（图4-2(b)、(f)）和红外谱图(图 4-3(b)、(e))中可以清楚的看到。

在生长阶段,产物从短的纳米棒逐渐生长成完美的晶体纳米线,从图 4-5 和图 4-6 可以看出,最终产物的直径范围约为(25±5)nm,长度范围从几百纳米至几微米。当反应时间达到 6 h,只得到短的多晶态/无定型的纳米棒,长度为 20～40 nm,长径比为 1～3(图 4-5、图 4-6)。当反应时间增加到 12 h,在相同的尺寸分布方面生成的产物平均长度增加了 4～8 倍,同时纳米短棒的数量明显减少。当反应时间进行到 18 h,在图 4-6F 中几乎只能观察到纳米线(尺寸(25±5)nm)。纳米线的长度在反应进行到一定时间(约 24 h 左右)就停止生长了。

在最后一个阶段,长好的晶体会继续保存,$LaPO_4$纳米线的直径将会从 20 nm 长到 50 nm,而长度却开始减少到少于 1 μm,这些变化大约发生在反应时间为 30 h 和 48 h 左右。上述结果说明 $LaPO_4$纳米线的生长过程和溶解-沉淀机理有关。尺寸小一些的纳米粒子有规律的排布在晶形较好的母核周围。$LaPO_4$晶体由于具有各向异性的生长特性,所以沿着 c 轴方位生长。

5. *产物的热分析*

通过氧化物水热合成过程所获得的样品 $LaPO_4$中是否含有结晶水、晶体结构的热稳定状况是衡量产物的重要依据。我们以 160℃下反应 1 h 和 24 h 时所获得的样品为考察对象,考察它们的热稳定性。选择它们的依据是反应 1 h 时获得的是六方相的磷酸镧,24 h 获得是较好结晶度的单斜相的磷酸镧纳米线单晶。热测量范围是 40℃～1 000℃,在氮气环境下,程序升温速率为 20℃/min。图 4-12(a)、(b)分别为反应 24 h 和 1 h 所获得产物的热分析结果。从图 4-12(a)中可以看出,反应 24 h 时所获得的样品的失重过程主要体现在 65℃到 340℃之间,这段温度区间又分为两个阶段:第一个阶段是从 65℃加热到 225℃,这个过程的变化主要是由于产物的表面孔穴吸收了水分所引起的;第二个阶段是从 288℃加热到 340℃,这个阶

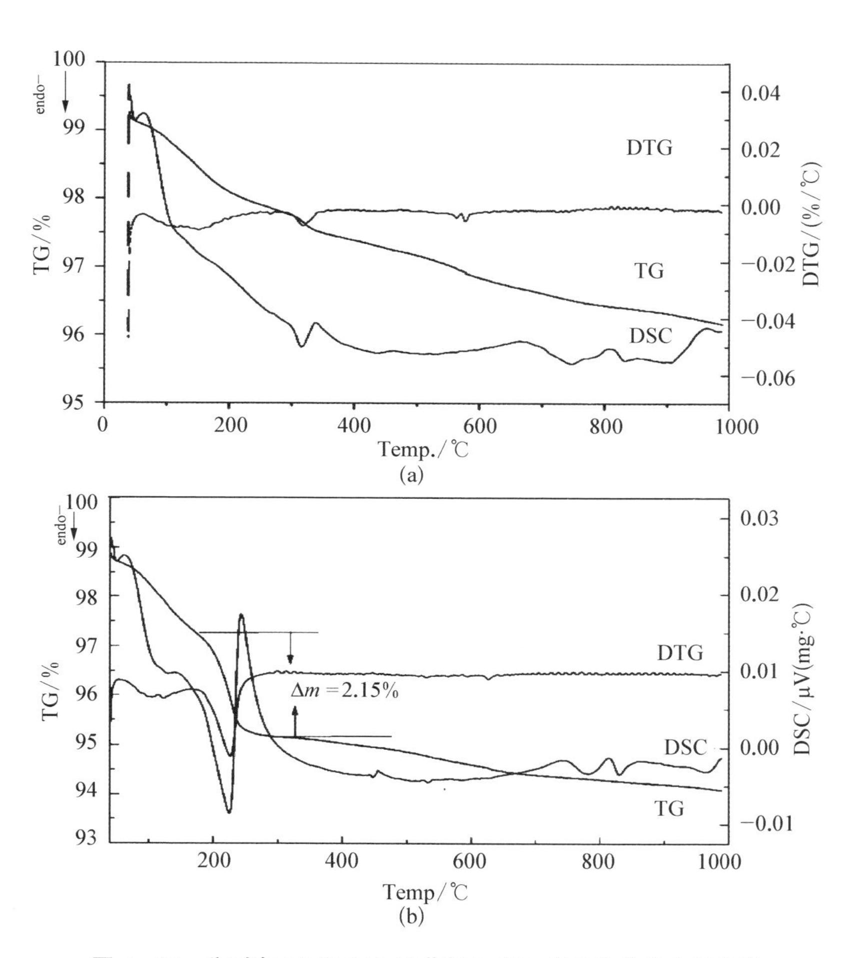

图 4－12　分别在 1 h 和 24 h 下获得 $LaPO_4$ 样品的差热分析曲线

段的变化主要是结晶水造成的，这个结果从热失重 TG 数据的一阶微分曲线（图 4－12(a)中的 DTG 曲线）中更容易看到这些变化。通过测量可知第二个阶段中样品仅仅失去了 0.25%的水，这个结果由 DSC 结果得到进一步的证实。和物质的总量相比，只有 0.25%失重量表明 $LaPO_4$ 晶体中只含有极少量的结晶水，基本上可以认为实验中得到的磷酸镧纳米棒的结晶度很高，没有残留的空穴和晶格缺陷，其化学式可以写作 $LaPO_4$。由图 4－12(a)中的差热曲线（DSC 图）显示出在程序升温过程中存在两个吸热过程：

第一个变化过程是在288℃到340℃之间，其对应失去结晶水的过程：第二个过程是对应在672℃到960℃之间的玻璃化转变过程。图中显示的在747℃和907℃的峰是由于$LaPO_4$的单斜晶型的高温相转变或晶体熔融聚合造成的。

图4-2(f)中的XRD结果证实在反应进行1 h时，原料已经转变成相应的磷酸盐，且和JCPDS卡号为46-1349的$LaPO_4 \cdot 0.5H_2O$标准衍射谱相一致。图4-12(b)显示了反应1 h所获得产物的热分析曲线，从TG曲线中，可以看出它与反应24 h后所获得产物的TG曲线存在明显的差别，虽然热失重的温度范围都体现在65℃到340℃之间，除去第一阶段的失去表面的吸附水外，在200℃～300℃之间的结晶水失重出现了显著的变化前者只有0.25%，后者却达到2.15%。如果以H_2O和$LaPO_4$的化学计量比计算，可以把物质的化学式写作$LaPO_4 \cdot 0.3H_2O$，如果把吸附水计算在内分子式可以写作$LaPO_4 \cdot 0.6H_2O$，此热失重结果和4-2(f)的XRD结果十分接近。从图4-12(b)中的DSC曲线可以看出在程序升温过程中的两个明显吸热峰的存在：第一个对应于产物失去结晶水的过程(在200℃～320℃)；第二个在750℃～820℃之间，峰值为784℃，这个热吸收过程对应于产物的晶相转变过程，即由六方相转变成高温相的相变潜热。这个相变温度比相关文献报道的略高[253-255]，这可能归因于热分析过程中的程序升温速率的快慢和仪器的种类，升温速率过快，往往会导致DSC曲线的热滞后现象的出现。

4.5.2 $REPO_4$(RE＝稀土元素)纳米材料的制备

1. $REPO_4$产物XRD和FTIR结果分析

根据对磷酸镧纳米材料的合成条件的成功探索，我尝试着合成其他稀土磷酸盐$REPO_4$(RE＝Nd, Sm, Gd, Dy, Er,和Y)。基本制备过程如下：稀土氧化物和五氧化二磷(或磷酸)的用量按照RE/P＝1的物料配比，其中稀土离子的物质的量固定在4×10^{-4} mol，反应体系的填充度控制在70%，混合后，放置在高压釜中密闭，在 160℃下恒温反应 24 h 后自然冷却，所得的沉淀进行洗涤干燥后即为产物。图 4-13 显示的是通过与磷酸镧的合成条件相同氧化物水热合成途径获得的部分产物的 XRD 结果。通过对产物的 XRD 数据的标准检索和计算，获得了产物的晶体类型、晶胞参数、标准卡片号等信息，这些结果被呈现在表 4-1 中，检索和计算的结果和标准卡片中对应的标准图谱的数据基本吻合。

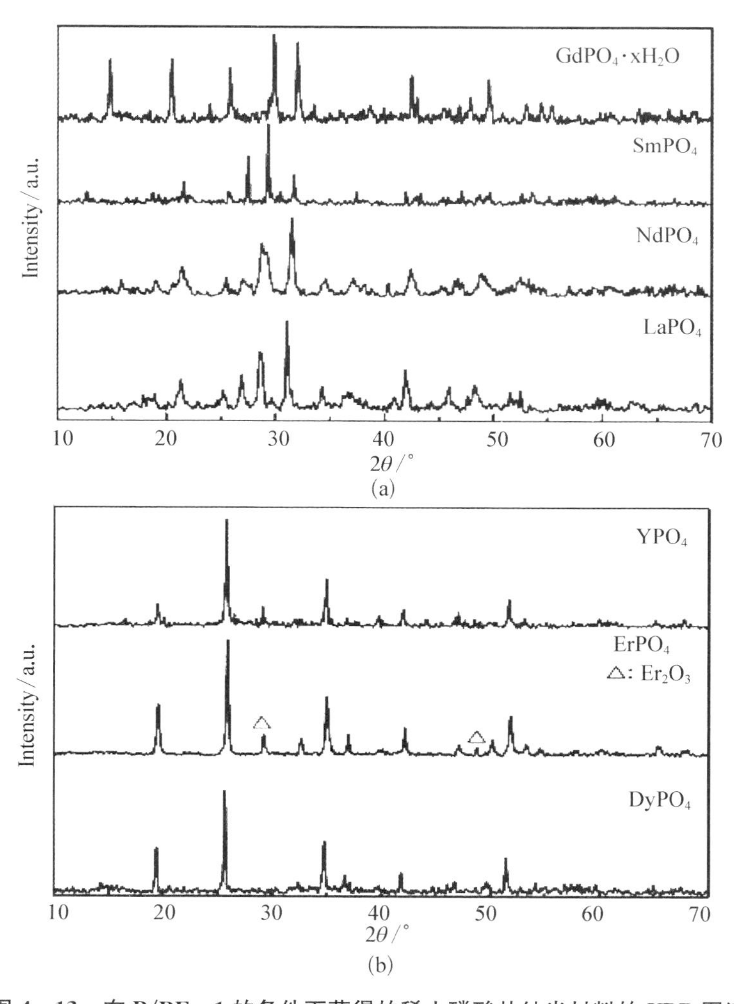

图 4-13　在 P/RE=1 的条件下获得的稀土磷酸盐纳米材料的 XRD 图谱

表 4-1　经 O-HT 路线获得不同稀土磷酸盐的晶体类型及精化后的晶胞参数

Compounds	Crystal type	a/Å	b/Å	c/Å	Space Group	JCPDS No.	Vol (Å^3)
$NdPO_4$	Monoclinic(P)	6.805 5	7.022 47	6.502 95	P21/n (14) (Y-unique)	25-1065	302.01 (Z=4)
$SmPO_4$	Monoclinic(P)	6.683 86	6.891 13	6.364 14	P21/n(14) (Y-unique)	28-0995	284.62 (Z=4)
$TbPO_4$	Monoclinic(P)	6.614 3	6.806 7	6.313 2	P21/n (14) (Y-unique)	46-1331	275.63 (Z=4)
$GdPO_4 \cdot H_2O$	Hexagonal (P)	6.908 74	6.908 74	6.308 33	P3121 (152)	39-0232	260.76 (Z=3)
$DyPO_4$	Tetragonal (I)	6.928 36	6.928 36	6.057 13	I41/amd (141) (origin at −4)	26-0593	290.76 (Z=4)
$ErPO_4$	Tetragonal (I)	6.870 49	6.870 49	6.024 11	I41/amd (141) (origin at −4)	09-0383	284.36 (Z=4)
YPO_4	Tetragonal (I)	6.900 16	6.900 16	6.026 75	I41/amd(141) (origin at −4)	11-0254	286.95 (Z=4)

对比所有产物的 XRD 衍射数据，可以发现以下规律：稀土类磷酸盐晶体类型是多变的，在同一条件下，我们获得了它们的单斜晶相、六方晶相以及四方晶相 3 种晶体类型；在我们所设定的合成条件下，晶体类型的变化成一定的规律性，随着原子序数的增加或离子半径的减少，稀土元素磷酸的晶相依次为单斜相（La－Tb）、六方相（含水）（Gd）、四方相（Dy－Er）；从晶体生长的不同晶面族的衍射强度看，$NdPO_4$ 和 $LaPO_4$ 的晶面生长状况类似，但是 $NdPO_4$ 的（021）晶面族的半峰宽明显地大于磷酸镧，这个结果说明所获得 $NdPO_4$ 可能拥有更小的粒径；$SmPO_4$ 的晶体生长取向和 $NdPO_4$、$LaPO_4$ 不同，它的（021）晶面族的发育远远优于（－112）晶面族；从图 4－11(b)中可以看出在三种稀土元素的晶体类型为四方相，比较三者的 XRD 谱图可知，在制备磷酸铒或磷酸钇的反应产物或多或少地存在着没有反应掉的氧化铒或氧化钇。这个结果和制备稀土硼酸盐时相似，这可能由于所研究的这两种氧化物的溶解能力较前面的稀土氧化物弱所致（除 CeO_2）。

图 4－14 中几种代表性物质的 FTIR 结果进一步展示了稀土磷酸盐的晶相变化的规律，从图中可以看出磷酸钕、磷酸钐和磷酸镧的红外谱图非常相似，都含有单斜相磷酸盐的特征，吸收区域分别位于 539 cm^{-1}、

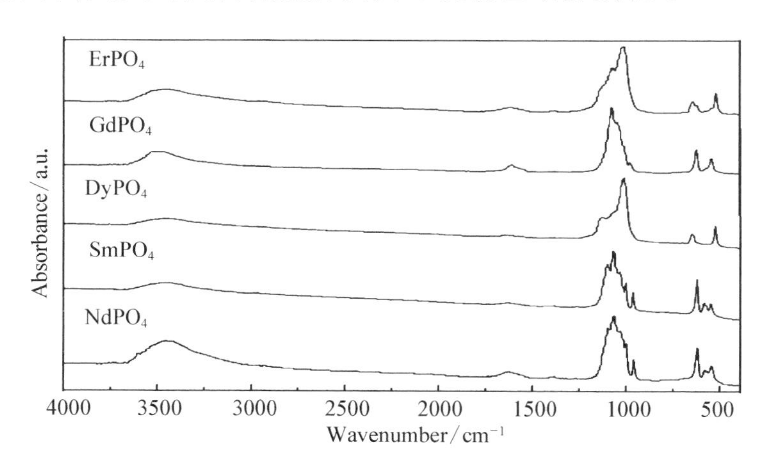

图 4－14　在 P/RE＝1 的条件下获得的稀土磷酸盐纳米材料的 FTIR 图谱

558 cm^{-1}、578 cm^{-1}和 611 cm^{-1}处的四个特征峰属于 ν_4 振动区域，而位于 952 cm^{-1}、993 cm^{-1}、1 014 cm^{-1}、1 059 cm^{-1}和 1 090 cm^{-1}处的五个特征峰则属于 ν_3 振动区域；磷酸钆的吸收峰特征和反应制备出的六方相磷酸镧的红外吸收峰十分相似，出现了六方相的磷酸盐的特征在 950～1 050 cm^{-1}波数区间的吸收单峰；磷酸铒和磷酸镝中的磷酸根的吸收峰与磷酸钆相比差别在于，它们的磷酸根的吸收峰位比后者向后移动了数十甚至上百个波数，这主要归因于四方相的磷酸盐的晶胞体积较大，稀土离子和磷酸根离子的结合力有所减弱所致，这一点由表 4－1 中计算出的产物的晶胞参数得以证实。

2. $REPO_4$ 产物微观形貌表征

利用扫描电子显微镜（SEM）和透射电子显微镜（TEM）对所合成的 $REPO_4$ 产物的微观形貌进行了表征。图 4－15 展示了部分产物的 SEM 照片，从图中可以清晰的看出：磷酸钕产物是有许多精细的纳米棒组成，纳米棒的长度约在 300～400 nm，直径在 20～30 nm 之间，这些纳米棒软聚集在一起形成不规则的球状或椭球状结构；磷酸钐产物是由纳米棒构成，这些纳米棒的直径比磷酸钕的要大一些，大约在 50～70 nm 之间，长度在几百纳米到两微米之间，棒的聚集现象不明显；磷酸钆产物的形貌的规整度比前两者要差了许多，它是由颗粒状纳米粒子和纳米棒构成，纳米粒子存在明显的聚集现象；磷酸镝和磷酸铒都是有许多纳米粒子组成的，前者的粒度要略大一些，大约在 60 nm 左右，后者在 30 nm。

TEM 照片展现磷酸镝、磷酸钇和磷酸钆纳米材料的粒径大小，从 TEM 照片中可以看出，磷酸镝和磷酸钇都是由四方状小粒子组成，但是前者的平均粒径要比磷酸钇的大些，可以达到近百纳米，后者只有 40 nm 左右；磷酸钆样品是由许多的纳米短棒组成，棒的直径在 25～30 nm 左右，长度在 300～400 nm 之间。这些样品的微观形貌特征表明，在同样的合成体系中，晶体类型相同的稀土磷酸盐具有相似的形貌，如磷酸镧、磷酸钕和磷酸钐的晶体类型是单斜晶相，它们产物都是由纳米棒组成，只是纳米棒的

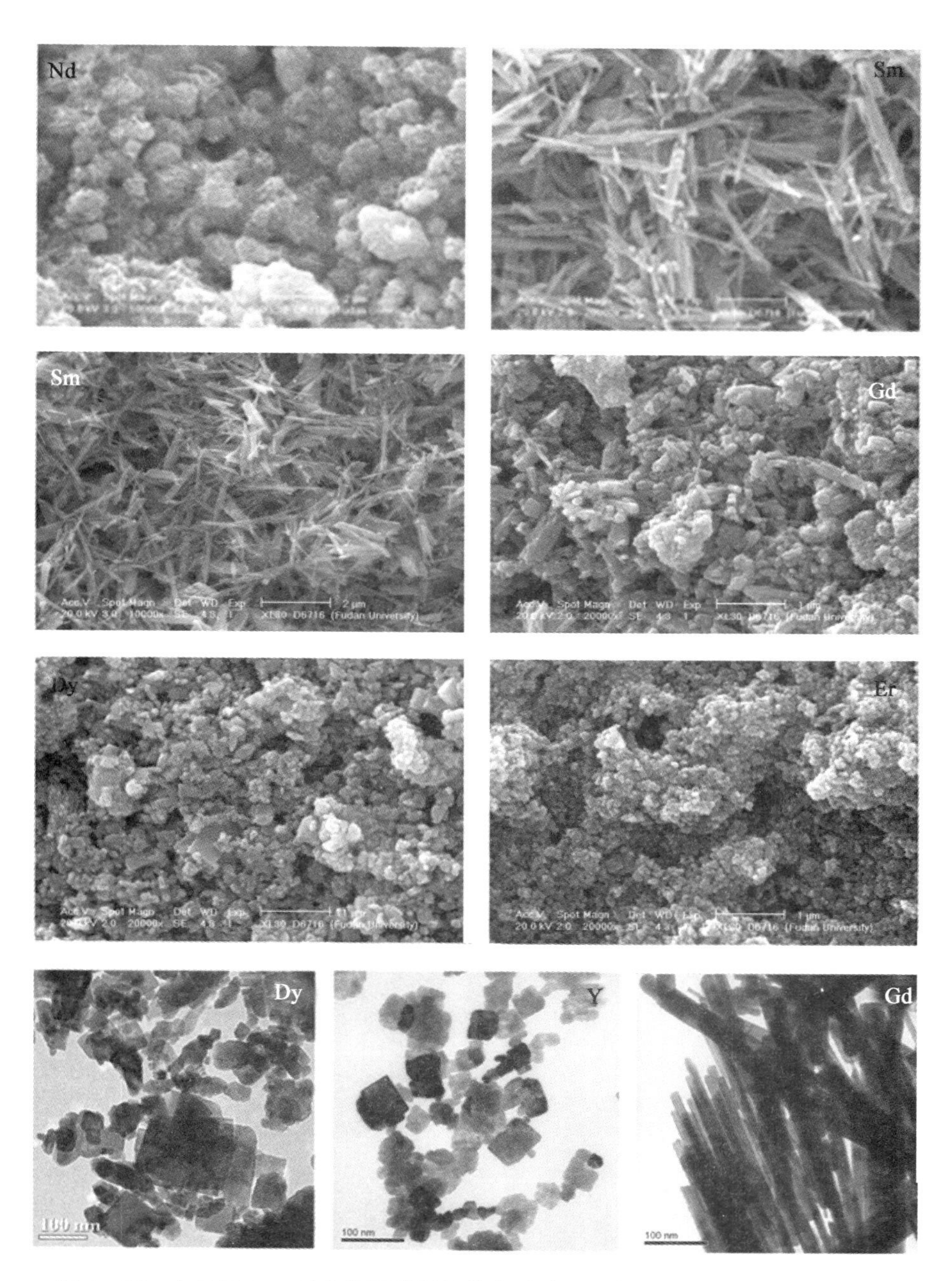

图 4-15　在 P/RE=1 的条件下获得的稀土磷酸盐纳米材料的 SEM 或 TEM 图片

长短和粒度不同；磷酸镝和磷酸铒都属于四方晶相，产物都为纳米粒子，只是粒度有些差别，同晶相中产物的微观形貌上的细小差别要归因于稀土离子的半径所导致的晶格的变化。

3. 反应温度对 $REPO_4$(RE＝Nd，Sm，Gd 和 Y)产物的影响

在氧化物水热体系中，反应温度的高低直接影响到产物的生成状况、品质，是需要考察的重要因素。在实验中，我们以 Nd、Sm、Gd 和 Y 四种稀土元素磷酸盐的合成为考察对象，详细地研究了温度对所得产物的晶相及晶体生长状况的影响。图 4－16 给出了代表性的分别在 140℃(图 4－16(a))和 250℃(图 4－16(b))两个温度条件下获得产物的 XRD 粉末衍射图谱。从图中可以看出，所合成的四种磷酸盐的谱图可以分成两组：第一组包括三种物质，磷酸钇为另一组。在图 4－16(a)中，通过检索发现，三种相似的谱图所展示的物质的晶相为六方相的稀土磷酸盐，且这三种物质都属于结晶水合物，还有少量的结晶水，在图 4－16(a)的下方给出了六方相 $NdPO_4 \cdot 0.5H_2O$ 的标准谱图。通过对比可知，所获得的产物的衍射数据和标准图一致，根据样品衍射峰的半峰宽较大的数据结果可以推得所获得产物的粒度很小，磷酸钇的样品的晶体类型为四方相。

图 4－16(b)显示出和图 4－16(a)相似的两组衍射图谱，不过不同的是磷酸钐、磷酸钕和磷酸钆的衍射峰发生了很大的变化，在 250℃下所获得的三种产物的晶相相同，图 4－16(b)的下方给出了 JCPDS 号为 25－1065 的单斜相磷酸钕的标准谱图相比，它们的衍射峰位相同，说明它们都属于单斜相的磷酸盐结构，磷酸钇仍然保持着四方相结构。结合在 160℃下获得产物的 XRD 数据可知，对具有六方相和单斜相两种晶相的稀土磷酸盐来说，提高反应温度有利于产物的晶相由六方相向单斜相转变。如在 180℃以下，只能获得六方相的磷酸钆，而在适当的温度就可以获得单斜相的产物；对于四方相的稀土磷酸盐来说，温度的变化对其晶相的影响不大，这归因于在通常状况下它们只存在一种晶相，但是升高温度更有利于产物的结晶度的提高和粒度的增大。

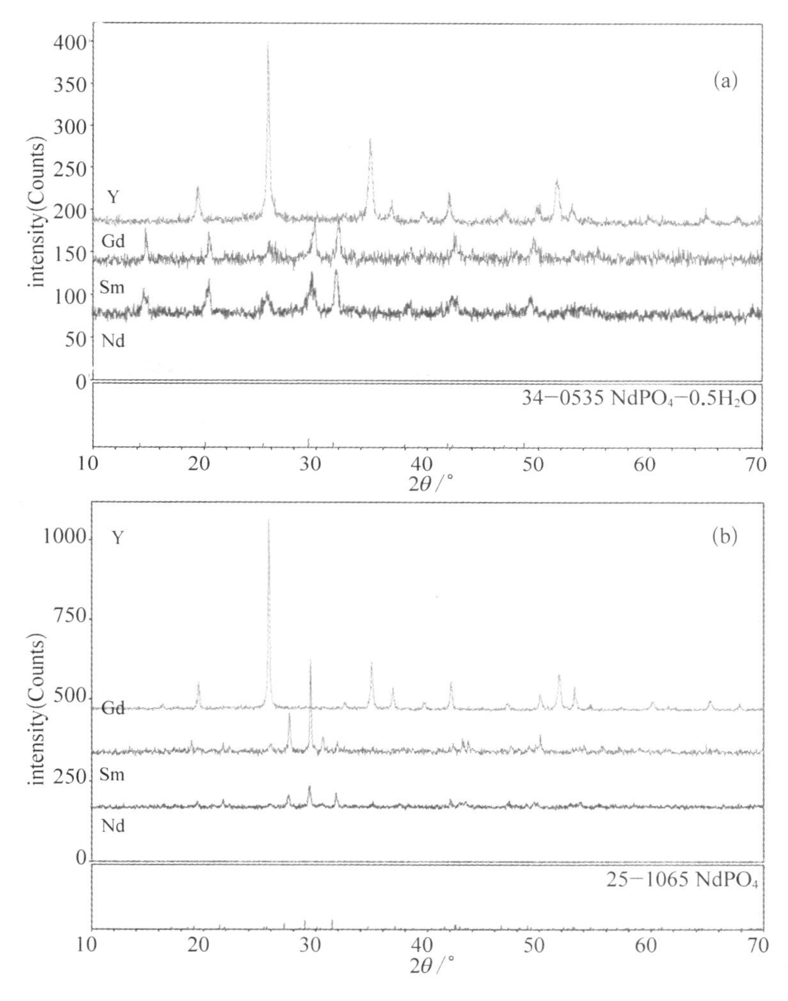

图 4－16 温度对合成稀土磷酸盐纳米材料的影响

在所考察的晶相相同的三种物质，由于它们同属于一个晶相、且晶体衍射峰的强度变化相似，应具有相似的微观形貌。图 4－17 给出了在 250℃下获得的四种产物的 SEM 照片，这些照片生动地展示了样品的微观形貌，三种相同晶相的磷酸盐拥有相似的纳米棒状结构，纳米棒的直径在几十纳米，长度在几百纳米至几个微米不等。所获得的磷酸钇样品仍由许多纳米粒子组成，粒子间存在软团聚的现象。

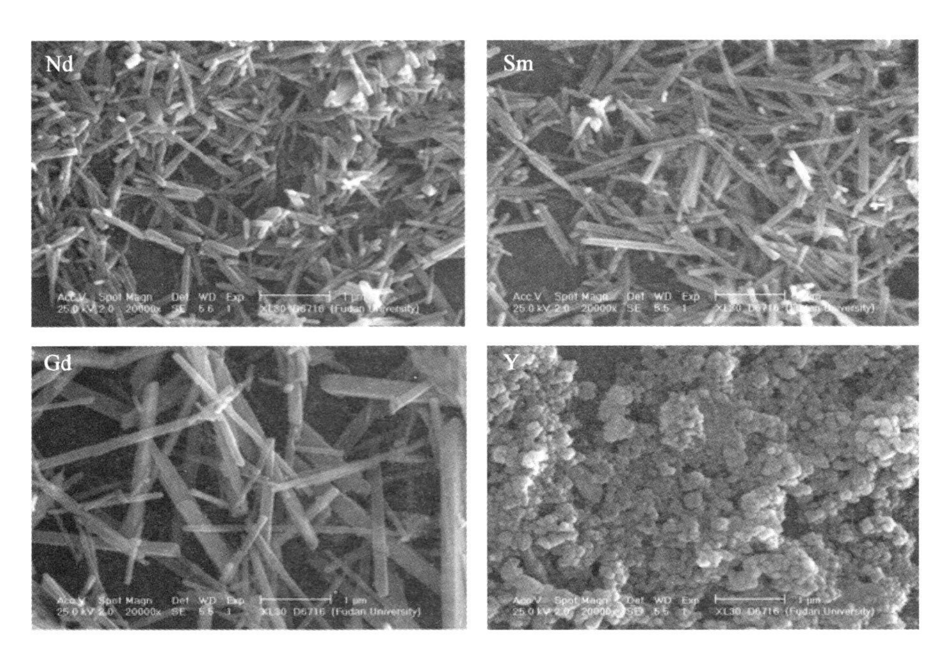

图 4-17　经 O-HT 路线获得的不同种类的 $REPO_4$ 纳米材料的典型的 SEM 照片

4.5.3　掺杂稀土磷酸盐纳米材料的 O-HT 法合成

在合成多种稀土磷酸盐的基础上，进一步尝试着合成稀土离子掺杂的磷酸镧纳米材料，分别利用氧化钐和氧化镝掺杂氧化镧作为稀土离子源与五氧化二磷或磷酸反应合成二组分稀土磷酸盐（镧为主），实验中P/RE=1、填充度 70%、温度 160℃和反应时间 24 h。图 4-18 中展示了 2.5 mol%～15 mol%的 Sm^{3+}（图 4-18(a)～(e)）和 2.5 mol%～15 mol%的 Dy^{3+}（图 4-18(f)、(g)）的掺杂磷酸镧样品的粉末衍射图谱。钐离子浓度从图 4-18(a)到(e)依次变化为 2.5、5、7.5、10 和 15 mol%；图 4-18(f)和(g)分别展示了 5 mol%和 10 mol%的镝离子掺杂磷酸镧的 XRD 谱图。从图中可以尽管掺杂离子的浓度不同，但是产物的衍射图谱的峰型相似，都与纯的单斜相磷酸镧样品的衍射图谱相似，因而说明掺杂离子代替部分镧离子进入了晶格。

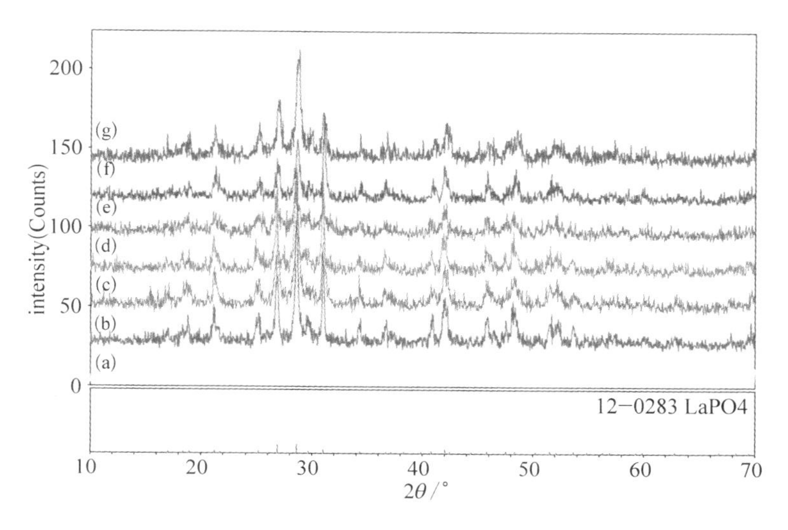

图 4－18　不同浓度的 Sm^{3+} (a～e)和 Dy^{3+} (f,g)掺杂的磷酸镧纳米材料的典型的 XRD 图谱

利用扫描电镜对在不同浓度的 Sm^{3+} 和 Dy^{3+} 离子掺杂的磷酸镧纳米材料的微观形貌进行表征，代表性的结果见图 4－19，图中(a)～(c)展示的是浓度分别为 2.5 mol%、5 mol%和 10 mol%的 Sm^{3+} 离子掺杂后的磷酸镧形貌；图中(d)～(h)展示的是 Dy^{3+} 离子的浓度依次为 2.5 mol%、5 mol%、7.5 mol%、10 mol%、15 mol%的掺杂磷酸镧的显微形貌。从不同浓度的 Sm^{3+} 离子掺杂的磷酸镧的形貌图可以看出，离子掺杂导致了产物的形貌发生了改变，在 2.5 mol%时，获得的产物为粒度和尺寸较均一的纳米粒子或细小的纳米短棒。随着浓度的增加，纳米棒的尺寸明显的增大，在浓度为 10 mol%时可以获得粒度和尺寸分布比较均一的纳米棒；相似地，镝离子掺杂后磷酸镧产物的形貌变化也具有类似的特征。这些结果表明，离子掺杂及掺杂的浓度对产物的形貌会存在很大的影响，如钐离子和镝离子掺杂浓度为 2.5 mol%时，产物为细小均一的纳米粒子，而没有掺杂时的磷酸镧产物为细长的纳米棒或纳米线；掺杂所导致的产物形貌变化应归因于掺杂离子的引入替换了部分镧离子的格位，改变了晶格形成的环境，使得晶体的生长受到很大的影响。

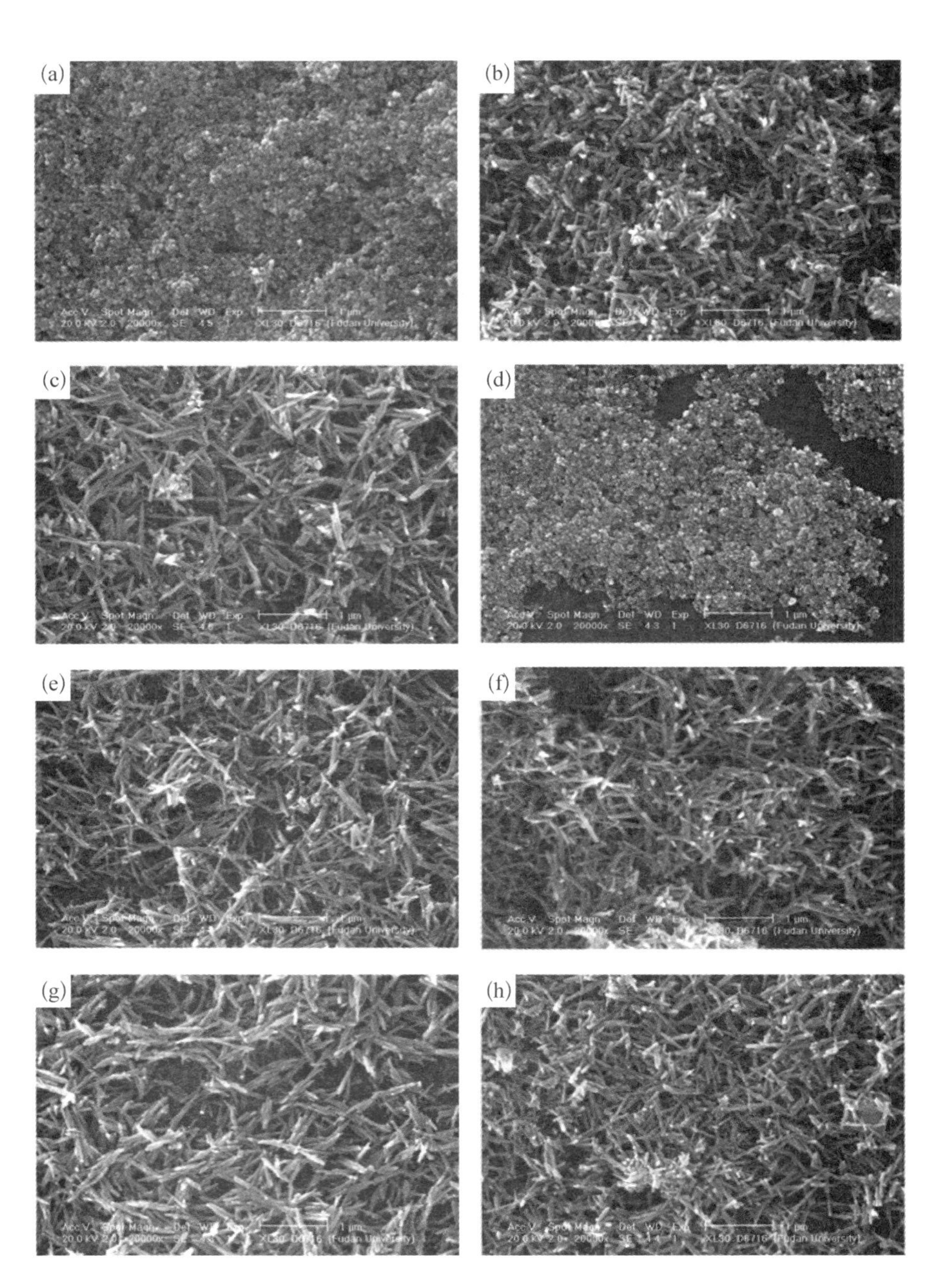

图 4-19　不同浓度的 Sm^{3+} (a～c)和 Dy^{3+} (d～h)掺杂的磷酸镧纳米材料的典型的 SEM 照片

4.5.4　添加剂或溶剂对稀土磷酸盐纳米材料微观形貌的影响

大量的实验证实，在溶液中加入少量的表面活性剂，利用它们的不同的结构特征和理化性质可以改变产物的微观形貌，影响产物的形成。在制备磷酸镧的实验中对一些表面活性剂的作用进行尝试研究。由于水热体系和常温的水相体系存在着显著的差别，表面活性剂可以在常温的水相中形成胶束，而在水热环境中，可能形成不了胶束，但是可以影响水溶液的流动性。由于表面活性剂的特殊基团可以和反应物离子、基团或产物相互作用，使得表面活性剂包覆在粒子的表面，限制着晶体的部分晶面的生长，从而获得特殊形貌的晶体结构和形貌。图 4－20 展示了分别加入 1％(表面活性剂和水的质量比)的十六烷基-三甲基溴化铵(CTAB)、1％的聚乙二醇(PEG)4 000 和 1％的聚乙二醇(PEG)10 000 于磷酸镧反应体系中，反应温度设定为 160℃，反应时间为 24 h 时，所获得三种产物的 XRD 衍射图谱。从图 4－20(a)、(b)和(c)中可以看出，三种产物的

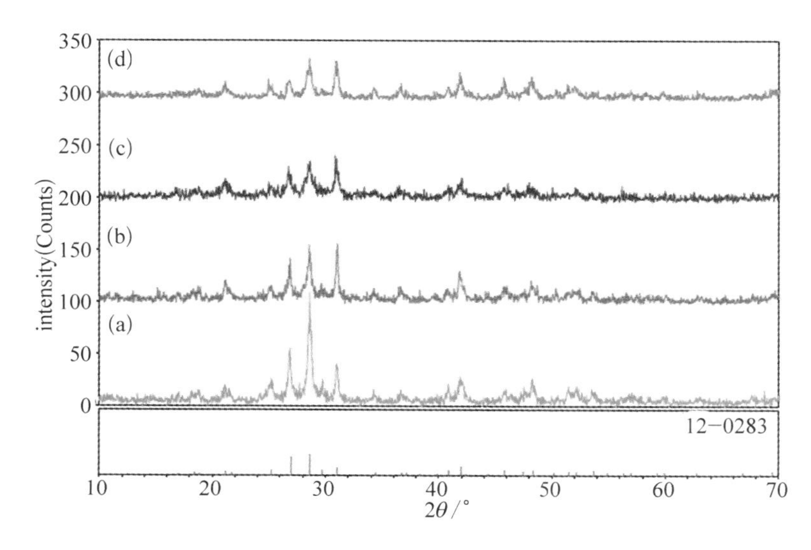

图 4－20　在 160℃ 下反应 24 h，不同添加剂或溶剂下获得的 $LaPO_4$ 典型的 XRD 图谱

XRD 衍射花纹中峰位相同，仅在晶体的衍射峰相对强度上有所变化。当 CTAB 加入的时，最强的衍射峰对应的是(021)晶面族，它约为(－112)晶面族强度的 4 倍，显示出明显的异向生长的特征；当加入 PEG 时，产物的 3 个最强衍射峰的强度基本相仿，表明异向生长的特征不再明显。图 4－21 中展示样品的 SEM 照片生动地验证了 XRD 数据结果，在 CTAB 加入时，获得的产物为纳米棒状形貌，纳米棒的长度只有 300～400 nm，明显地低于没有加入表面活性剂时；当 PEG 加入时，产物的形貌变成了粒子状，PEG 的分子量为 4 000 时获得的是分布均一的、粒度为 20 nm 左右的纳米粒子，而 PEG 的分子量为 1 000 时，颗粒的粒度和产物的聚合度都有所增大。上述 XRD 和 SEM 结果有力的说明在合成磷酸镧的 O－HT 体系中表面活性剂的加入没有改变产物的晶体类型，但是影响到晶体的晶面的发育，影响到产物的形貌。

图 4－21　经 O－HT 路线，在 160℃ 下反应 24 h，不同添加剂或溶剂的条件下获得的 $LaPO_4$ 典型的 SEM 照片

溶剂的改变也可能影响到产物的晶态和形貌，图4-20d展示的是利用无水乙醇6 mL和1 mL浓度为85%的H_3PO_4与0.2×10^{-3} mol La_2O_3为反应的原料，通过O-HT路线在160℃，反应时间为24 h所获得产物的XRD衍射图谱。对比图4-9中(b)中展示的在同样物料配比下水体系中获得的产物的XRD图谱，可知虽然产物仍为单斜相的磷酸镧，但是结晶度明显下降、产物的颗粒大小显著降低，晶体本身异向生长的特征消失，由此可以推测获得产物为细小的纳米粒子。这个推测由图4-21(d)中的产物的SEM照片得到证实，该产物为十分精细的纳米粒子构成，产物的粒子在10～20 nm左右，这一点与通过谢乐公式计算的结果相吻合。

4.6　本章小结

(1) 利用O-HT合成路线成功的获得了稀土磷酸盐系列纳米材料。在160℃～250℃温度范围内合成了单斜相的$REPO_4$(RE=La、Nd、Sm、Tb和Gd)纳米棒或纳米线、四方相的$REPO_4$(RE=Dy、Er和Y)纳米粒子。

(2) 以磷酸镧的合成为考察对象，详细地研究了温度、时间、P/La物质的量之比、添加剂、溶剂的种类对获得产物的影响：在适当的反应时间内，温度越高对单斜相的获得越有利，但是过高的温度对晶体的异向生长不利；在适当的温度下，反应时间的延长对单斜相的获得更有利，但是过长的时间对晶体的异向生长不利；在密闭的含水体系中P/La比高低对产物的晶相不产生影响，只能够获得磷酸盐，但是影响了产物的形貌和粒度的大小，P/La越高，粒子的粒度越小；添加剂对产物的晶相没有影响，但是可以影响到晶面生长，获得不同形状的纳米材料；溶剂改变可以影响到产物的形貌，但是没有影响目标产物的获得。

(3) 在 O－HT 合成体系中,不仅可以获得单组分稀土磷酸盐纳米材料,还能顺利的制备掺杂或双组分稀土磷酸盐纳米材料。

(4) 在 O－HT 合成体系中,单斜相的稀土磷酸的生成都经历了由六方相的含水磷酸盐向单斜相磷酸盐的相转变过程,在低温或反应时间短的时候获得的是六方相稀土磷酸盐;在适当的温度和反应时间下获得则是纯的单斜相磷酸盐。

第5章

论文总结与展望

5.1 全文总结

以稀土类钒酸盐、硼酸盐及磷酸盐纳米材料构筑为研究目标，本书成功地建立氧化物-水热合成体系。系统地研究了构筑这三类稀土含氧酸盐纳米材料的多种反应条件，包括反应温度、反应时间、添加剂（或配位剂）的种类和量、反应体系的填充度及酸碱度等；探讨了反应条件对产物的晶型、形貌、颗粒的粒度的影响；研究了同种类的稀土含氧酸盐材料，随着原子序数的增加或离子半径的增加，其构筑纳米材料的反应条件、物质的晶相及形貌变化规律；深入探讨了同一类稀土含氧酸盐的纳米材料的不同晶体结构和形貌与离子半径变化之间关系；探讨了不同类型的稀土含氧酸盐氧化物水热合成反应的机理。获得的主要成果如下：

（1）提出并建立了氧化物-水热合成法，首次实现利用稀土氧化物与五氧化二钒、三氧化二硼及五氧化二磷直接为前躯体合成相应的稀土类含氧酸盐纳米材料的水热反应体系。证实了两种或以上的常温下不溶于水的氧化物，在高温高压的密闭水热体系中，在适当的条件下，能够反应生成组成均一的多组分氧化物或含氧酸盐。这种方法突破了利用可溶性的稀土盐类作为前驱体的传统水热合成过程。和经典水热合成相比，该方法具有原料更廉价、不产生副产物、产物的晶格缺陷和纯度更高、操作更便利等优点。

（2）以稀土氧化物和五氧化二钒为前驱体，合成了 m - $LaVO_4$ 和 t - $LaVO_4$ 纳米棒、t - YVO_4 纳米粒子和纳米棒、t - $SmVO_4$ 和 t - $NdVO_4$ 纳米棒、Eu^{3+} 掺杂 m - $LaVO_4$ 和 t - $LaVO_4$ 纳米粒子等。证实了 EDTA 在构筑 $LaVO_4$ 纳米材料过程中，能够起到晶相控制作用，在没有其存在的情况下，获得是单斜相的 $LaVO_4$，反之，则有利于生成四方相的 $LaVO_4$。EDTA 在构筑 YVO_4 纳米材料时，能起到控制晶面生长的作用，有其存在时获得的是纳米棒；反之，则为纳米粒子。在研究 m - $LaVO_4$ 和 t - $LaVO_4$ 产物的 FTIR 图谱时发现 VO_4 基团在 900 cm^{-1} 附近的吸收峰存在明显的差别，这个结果有助于佐证产物的 $LaVO_4$ 晶体类型及产物的纯度，也为鉴别同质多晶材料提供一种简便的途径。通过氧化物水热合成法获得的 Eu^{3+} 掺杂 m - $LaVO_4$ 和 t - $LaVO_4$ 纳米材料具有显著不同荧光性能，表明氧化物水热合成法可以适用于多组分掺杂稀土钒酸盐荧光纳米材料的制备，为氧化物水热法制备稀土含氧酸盐荧光材料提供了实验依据。根据实验结果提出了稀土钒氧化合物在氧化物水热合成体系中的自磨-水合-水解结晶生长机制。

（3）以稀土氧化物和三氧化二硼为前驱体，在没有任何添加剂或助剂存在的条件下，合成了一系列的稀土硼酸盐纳米材料，包括正交相 $LaBO_3$ 纳米棒束、六方相 $NdBO_3$ 纳米薄饼、六方相 $REBO_3$（RE＝Sm，Gd，Dy）纳米薄片；在 EDTA 的辅助下，获得了纯的六方相 $ErBO_3$ 和 YBO_3 纳米片或纳米粒子；Sm^{3+} 或 Dy^{3+} 掺杂过程实现了纳米棒束的解团聚，形成低聚合的纳米棒；利用 Sm^{3+} 掺杂硼酸钆纳米材料，获得了高聚合度、大尺寸的掺杂硼酸钆纳米薄饼，等等。通过对不同条件下获得的结果分析得出，产物的形貌与其晶体的类型相关，相同的晶型具有相似的形貌；稀土硼酸盐在氧化物水热法合成体系中构筑过程分成两步骤机制：氧化物的“水合阶段”和生成水合物的“中和阶段(脱水阶段)”，且两步骤是有前后次序的，这个发现的重要性在于能够通过同一合成体系实现选择性获得不同类型的目标产物。

(4) 首次证实了 $NdBO_3$ 晶体的六方相晶体结构的存在，并获得其纳米千层薄饼自组装的纳米超结构材料。研究发现反应温度、时间及溶液的酸碱度对该产物的获得有重要的影响，而溶液的填充度只对产物的形貌有弱影响。推测了六方相硼酸钕的形成因素为：① 内因是离子半径比接近 0.71 和六方相的密度比正交相大；② 外因是足够的温度和压力。水热体系是为密闭体系，压力来源于亚临界水的自生压力，温度越高，体系中压力越大，因此温度越高对产物的生成越有利。揭示了六方相硼酸钕的热稳定性及 $A \xrightarrow{heating} B \xrightarrow{cooling} C$ 不可逆相变的过程。

(5) 通过单组分稀土硼酸盐的晶相及形貌、条件反应与稀土元素的离子半径的递变关系以及稀土硼酸盐的稀土掺杂过程的佐证，揭示了在 O-HT 合成体系下，稀土硼酸盐的纳米材料的构筑的难易程度和离子半径的相关性。首次发现通过不同的离子掺杂过程既可以增加也可以减慢晶体生成速率，从而获得不同于单组分产物的形貌的稀土硼酸盐纳米材料。根据六方晶系的硼酸稀土纳米材料形貌的变化，推测出产物生成的难易程度与晶胞的大小的关系：晶胞越小，产物的晶体生长的难度越大。

(6) 首次利用稀土氧化物与五氧化二磷或磷酸，在 P/RE＝1，不加任何助剂和调控酸碱度的条件下，经 O-HT 路线构筑了单斜相和六方相的无水(或含水)$REPO_4$(RE＝La、Nd、Sm、Tb 和 Gd)纳米棒或纳米线、四方相的 $REPO_4$(RE＝Dy、Er 和 Y)纳米粒子。以不同条件下构筑 $LaPO_4$ 纳米材料为研究对象，得出反应的时间、温度、P/RE 比、添加剂和溶剂对产物的形貌有重要影响，并阐述了反应条件与产物晶体生长之间的关系。由温度

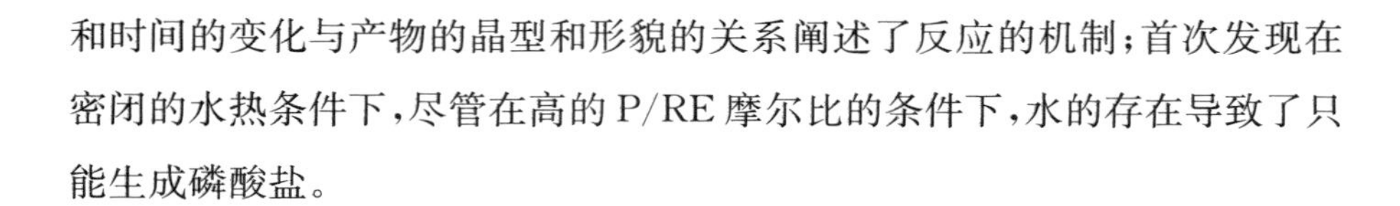
和时间的变化与产物的晶型和形貌的关系阐述了反应的机制；首次发现在密闭的水热条件下，尽管在高的P/RE摩尔比的条件下，水的存在导致了只能生成磷酸盐。

5.2 展　　望

本书尽管在构筑稀土含氧酸盐材料中提出了以常温下不溶于水的氧化物直接为原料的水热合成思想，建立了氧化物水热合成法，并把这种合成方法成功地应用于稀土类钒酸盐、硼酸盐和磷酸盐纳米材料的制备，然而对于一种合成体系的建立还是远远不够的，这些工作只是为今后进一步探讨和应用这种方法奠定了基础，起到抛砖引玉的作用。作为一个新的合成体系或思想，仍然有许多问题有待进一步的深层次的研究和探讨，建议从以下几方面开展工作：

(1) 利用氧化物水热合成法，合成稀土类其他含氧酸盐，探讨合成条件与产物种类和形貌的关系，实现晶相和形貌的可控制备。

(2) 稀土类含氧酸盐纳米材料是一大类重要材料，加强对其应用性的研究。

(3) 在广泛研究的基础上，探讨O-HT路线下的反应机理，实现理论指导实践的目标化设计，再由实践完善理论，为该体系的建立打下理论基础。

(4) 研究体系的思想是用常温下难溶水的氧化物为水热反应的前驱体，能不能拓展到其他常温下难溶于水的非氧化物体系，还有待考证。

可以预见，随着研究的深入开展，以难溶物为水热反应前驱体的合成策略一定会得到更好的发展和更广泛的应用。

参考文献

[1] Fan W, Zhao W, You L, et al. A simple method to synthesize single-crystalline lanthanide orthovanadate nanorods[J]. J. Solid State Chem., 2004, 177: 4399 - 4440.

[2] Ishihara K, Ohara S, Yamamoto H. Direct condensation of carboxylic acids with alcohols catalyzed by hafnium (Ⅳ) salts. Science, 2000, 290: 1140 - 1142.

[3] Yoshimura M. Soft solution processing: concept and realization of direct fabrication of shaped eramics (nano-crystals, whiskers, films, nd/or patterns) in solutions without post-firing[J]. J. Mater. Sci., 2006, 41: 1299 - 1306.

[4] 张莉莉,张维光,杨娟等. 固相反应法制备系列 $K_2La_2Ti_3O_{10}$[J]. 材料科学与工程学报,2005,23: 181 - 184.

[5] 叶世海,吕江英,高学平等. 球磨促进高温固相反应合成尖晶石相 $LiMn_2O_4$[J]. 电源技术,2002,26(3): 151 - 153.

[6] 陈洪杰,李志伟,陶小军等. 超声波在纳米材料制备中的应用[J]. 化学研究,2005,16(1): 104 - 107,112.

[7] 禹日成,朱嘉林,李凤英等. 高压固相反应法合成具有理想 Ruddlesden-Popper 结构的 $Ca_4Mn_3O_{10}$ 层状化合物[J]. 高压物理学报,2002,16(3): 176 - 181.

[8] Wang X, Zhuang J, Peng Q, Li, Y. A general strategy for nanocrystal synthesis[J]. Nature, 2005, 437 (7055): 121 - 124.

[9] Sarkar R, Das S K, Banerjee G. Calcination effect on magnesium hydroxide and aluninium hydroxide for the development of magnesium aluminate spinel [J]. Ceram. Intern., 2000, 26: 25 - 28.

[10] Kim W, Saito F. Effect of grinding on synthesis of $MgAl_2O_4$ spinel from a powder mixture of $Mg(OH)_2$ and $Al(OH)_3$[J]. Powd. Tech., 2000, 113: 109 - 113.

[11] Ping L R, Azad A M, Dung T W. Magnesium aluminate ($MgAl_2O_4$) spinel produced via self-heat-sustained (SHS) technique[J]. Mater. Res. Bull, 2001, 36: 1417 - 1430.

[12] Cunha F N, Bradt R C. Synthesis of magnesium aluminate spinels from bauxite and magnesias[J]. J Am Ceram Soc, 2002, 85: 2995 - 3003.

[13] Wang R, Pan W, Chen J, et al. Synthesis and sintering of $LaPO_4$ powder and its application[J]. Mater Chem Phys, 2003, 79: 30 - 36.

[14] Fang Y P, Xu A W, Song R Q, et al. Systematic Synthesis and Characterization of Single-Crystal Lanthanide Orthophosphate Nanowires [J]. J. Am. Chem. Soc, 2003, 125: 16025 - 16034.

[15] 吴洪特,廖森,吴文伟等. 低热固相合成磷酸镧及其结晶度[J]. 化工学报, 2007,11: 2943 - 2947.

[16] Wu Y, Wu T H, He Y M, et al. Low-temperature catalytic performance of nanostructured Ti - Ni - O prepared by modified sol-gel method[J]. Surf. Rev. Lett., 2007, 14: 611 - 615.

[17] Bardelang D, Camerel F, Hotze A C G, et al. Sodium chains as core nanowires for gelation of organic solvents from a functionalized nicotinic acid and its sodium salt[J]. Chem. -A Eur J, 2007, 13: 9277 - 9285.

[18] Kwon S G, Piao Y, Park J, et al. Kinetics of monodisperse iron oxide

nanocrystal formation by "heating-up" process. J Am Chem Soc, 2007, 129: 12571 - 12584.

[19] Andrievski R. A nanocrystalline high-melting point compound-based materials. J. Mater Sci., 1994, 29: 614 - 631.

[20] 王中林.纳米相和纳米结构材料——合成手册[M].北京:清华大学出版社,2002.

[21] Mackenzie J D, Bescher EP Chemical routes in the synthesis of nanomaterials using the sol-gel process[J]. Acc. Chem. Res., 2007, 40: 810 - 818.

[22] Padmanabhan S C, Pillai S C, Colreavy J, et al. A simple sol-gel processing for the development of high-temperature stable photoactive anatase titania [J]. Chem. Mater., 2007, 19: 4474 - 4481.

[23] Dave B C, Dunn B, Valentine J S, et al. Nanoconfined proteins and enzymes: Sol-gel-based biomolecular materials [J]. ACS Symp. Series, 1996, 622: 351 - 365.

[24] Schmidt H, Krug H. Sol-gel-based inorganic-organic composite-materials [J]. ACS Symp. Series, 1994, 572: 183 - 194.

[25] Wang L C, Liu Q, Chen M, et al. Structural evolution and catalytic properties of nanostructured Cu/ZrO catalysts prepared by oxalate gel-coprecipitation technique[J]. J. Phys. Chem. C, 2007, 111: 16549 - 16557.

[26] Weng X L, Boldrin P, Abrahams I, et al. Direct syntheses of mixed ion and electronic conductors $La_4Ni_3O_{10}$ and $3Ni_2O_7$ from nanosized coprecipitates [J]. Chem. Mater., 2007, 19: 4382 - 4384.

[27] Liu C P, Li M W, Cui Z, et al. Comparative study of magnesium ferrite nanocrystallites prepared by sol-gel and coprecipitation methods [J]. J. Mater. Sci., 2007, 42: 6133 - 6138.

[28] Wang S M, Lu M K, Zhou G J, et al. Systematic investigations into $SrSnO_3$

nanocrystals (I) synthesis by using combustion and coprecipitation methods [J]. J. Alloys Comp., 2007, 432: 265 - 268.

[29] Ren G Q, Lin Z, Wang C, et al. Relationship between the coprecipitation mechanism, doping structure and physical properties of $Zn_{1-x}Co_xS$ nanocrystallites[J]. Nanotechnology 2007, 18: Art. No. 035705.

[30] Tao K, Dou H J, Sun K. Facile interfacial coprecipitation to fabricate hydrophilic amine-capped magnetite nanoparticles[J]. Chem. Mater., 2006, 18: 5273 - 5278.

[31] Zhou Y F, Hong M C, Xu Y Q, et al. Preparation and characterization of beta P - BaB_2O_4 nanoparticles via coprecipitation[J]. J. Cryst. Growth, 2005, 276: 478 - 484.

[32] Li X, Zhang H B, Zhao M Y. Preparation of nanocrystalline $LaFeO_3$ using reverse drop coprecipitation with polyvinyl alcohol as protecting agent[J]. Mater. Chem. Phys., 1994, 37: 132 - 135.

[33] Frankwicz P S, Ram S, Fecht H J. Enhanced microhardness in $Zr_{65.0}Al_{7.5}Ni_{10.0}Cu_{17.5}$ amorphous rods on coprecipitation of nanocrystallites through supersaturated intermediate solid phase particles[J]. Appl. Phys. Lett., 1996, 68: 2825 - 2827.

[34] Sellappan P, Jayaram V, Chokshi A H, et al. Synthesis of bulk, dense, nanocrystalline yttrium aluminum garnet from amorphous powders[J]. J. Am. Ceram. Soc., 2007, 90: 3638 - 3641.

[35] Gaikwad S P, Dhesphande S B, Khollam Y B, et al. Coprecipitation method for the preparation of nanocrystalline ferroelectric $CaBi_2Ta_2O_9$[J]. Mater. Lett., 2004, 58: 3474 - 3476.

[36] Xia C T, Shi Er W, Zhong W Z, et al. Preparation of $BaTiO_3$ by the hydrothermal method[J]. J. Eur. Ceram. Soc., 1995, 15: 1171 - 1176.

[37] Oka Y, Yao T, Yamamoto N. Hydrothermal Synthesis of Lanthanum

Vanadates: Synthesis and Crystal Structures of Zircon-Type $LaVO_4$ and a New Compound LaV_3O_9[J]. J. Solid State Chem., 2000, 152: 486 - 491.

[38] 施尔畏,陈之战,元如林,郑燕清. 水热结晶学[M]. 北京:科学出版社,2004.

[39] Byrappa K, Yoshimura M. Handbook of Hydrothermal Technology[M]. Park Ridge: Noyes Publications, 2001.

[40] Kennedy G C. pressure-volume-temperature relations in water at elevatedtemperatures and pressures[J]. Am. J. Sci., 1950, 248: 540 - 564.

[41] Wang X, Zhuang J, Peng Q, Li Y. A general strategy for nanocrystal synthesis[J]. Nature, 2005, 437 (7055): 121 - 124.

[42] Tan Y, Xue X, Peng Q, et al. Controllable fabrication and electrical performance of single crystalline Cu_2O nanowires with high aspect ratios[J]. Nano Lett., 2007, 7: 3723 - 3728.

[43] Huo Z, Chen C, Chu D, et al. Systematic synthesis of lanthanide phosphate nanocrystals[J]. Chem. A Eur. J, 2007, 13: 7708 - 7714.

[44] Xu R, Xie T, Zhao Y, Li Y. Single-crystal metal nanoplatelets: cobalt, nickel, copper, and silver[J]. Cryst. Growth Des, 2007, 7: 1904 - 1911.

[45] Liu J, Li Y. General synthesis of colloidal rare earth orthovanadate nanocrystals[J]. J Mater Chem, 2007, 17: 1797 - 1803.

[46] Lu J, Wei S, Yu W, Zhang H, Qian Y. Hydrothermal route to InAs semiconductor nanocrystals[J]. Inorg. Chem., 2004, 43: 4543 - 4545.

[47] Jiang C, Zhang W, Zou G, Yu W, Qian Y. Precursor-induced hydrothermal synthesis of flowerlike cupped-end microrod bundles of ZnO[J]. J Phys Chem B, 2005, 109: 1361 - 1363.

[48] Zheng W, Guo F, Qian Y. Growth of bulk ZnO single crystals via a novel hydrothermal oxidative pressure-relief route[J]. Adv. Funct. Mater, 2005, 15: 331 - 335.

[49] Liang J, Liu J, Xie Q, Bai S, Yu W, Qian Y. Hydrothermal growth and

optical properties of doughnut-shaped Zno microparticles[J]. J Phys Chem B, 2005, 109: 9463 - 9467.

[50] Su X, Xie Y, Chen Q, Qian Y. Hydrothermal preparation and characterization of nanocrystalline ZnS and CdS[J]. Yingyong Huaxue, 1996, 13: 56 - 57.

[51] Wei S, Lu J, Zeng L, Yu W, Qian Y. Hydrothermal synthesis of InP semiconductor nanocrystals[J]. Chem Lett., 2002, 10: 1034 - 1035.

[52] Jiang C, Zhang W, Zou G, Yu W, Qian Y. Synthesis and characterization of ZnSe hollow nanospheres via a hydrothermal route[J]. Nanotechnology, 2005, 16: 551 - 554.

[53] Wan J, Wang Z, Chen X, Mu L, Qian Y. Shape-induced enhanced luminescent properties of red phosphors: $Sr_2MgSi_2O_7$: Eu^{3+} nanotubes[J]. Eur J Inorg Chem, 2005, 20: 4031 - 4034.

[54] Zou G, Li H, Zhang D, Xiong K, Dong C, Qian Y. Well-aligned arrays of CuO nanoplatelets[J]. J Phys Chem B, 2006, 110: 1632 - 1637.

[55] Xi G, Xiong K, Zhao Q, et al. Nucleation-dissolution-recrystallization: A new growth mechanism for t-Selenium nanotubes[J]. Cryst Growth Des, 2006, 6: 577 - 582.

[56] Ma D, Zhang M, Xi G, et al. Fabrication and characterization of ultralong Ag/C nanocables, carbonaceous nanotubes, and Chainlike - Ag_2Se nanorods inside carbonaceous nanotubes[J]. Inorg Chem, 2006, 45: 4845 - 4849.

[57] Xie Y, Qian Y, Wang W, et al. A benzene-thermal synthetic route to nanocrystalline GaN[J]. Science, 1996, 272(5270): 1926 - 1927.

[58] Tang K, Qian Y, Zeng J, et al. Solvothermal route to semiconductor nanowires[J]. Adv. Mater, 2003, 15: 448 - 450.

[59] Lu J, Qi P, Peng Y, et al. Metastable MnS crystallites through solvothermal synthesis[J]. Chem Mater, 2001, 13: 2169 - 2172.

[60] Qian Y T. Solvothermal synthesis of nanocrystalline III - V semiconductors

[J]. Adv Mater, 1999, 11: 1101 - 1102.

[61] Xu D, Liu Z, Liang J, Qian Y. Solvothermal synthesis of CdS nanowires in a mixed solvent of ethylenediamine and dodecanethiol[J]. J Phys Chem. B, 2005, 109: 14344 - 14349.

[62] Li Y, Ding Y, Qian Y, et al. A solvothermal elemental reaction to produce nanocrystalline ZnSe[J]. Inorg Chem, 1998, 37: 2844 - 2845.

[63] Hu J, Lu Q, Tang K, Qian Y, et al. Solvothermal reaction route to nanocrystalline semiconductors $AgMS_2$ (M = Ga, In) [J]. Chem Comm, 1999, 12: 1093 - 1094.

[64] Jiang Y, Wu Y, Zhang S, et al. A catalytic-assembly solvothermal route to multiwall carbon nanotubes at a moderate temperature[J]. J Am Chem Soc., 2000, 122: 12383 - 12384.

[65] Wu C, Lei L, Zhu X, et al. Large-scale synthesis of titanate and anatase tubular hierarchitectures[J]. Small, 2007, 3: 1518 - 1522.

[66] Li BX, Xie Y, Xue Y. Controllable synthesis of CuS nanostructures from self-assembled precursors with biomolecule assistance[J]. J. Phys. Chem. C, 2007, 111: 12181 - 12187.

[67] Yao Z, Zhu X, Li X, Xie Y. Synthesis of novel Y-junction hollow carbon nanotrees[J]. Carbon, 2007, 45: 1566 - 1570.

[68] Zhang B, Ye XC, Dai W, et al. Biomolecule-assisted synthesis and electrochemical hydrogen storage of porous spongelike Ni_3S_2 nanostructures grown directly on nickel foils[J]. Chem A Eur J, 2006, 12: 2337 - 2342.

[69] Zhang B, Ye X C, Dai W, et al. Biomolecule-assisted synthesis of single-crystalline selenium nanowires and nanoribbons via a novel flake-cracking mechanism[J]. Nanotechnology, 2006, 17: 385 - 390.

[70] Cao X B, Xie Y, Zhang S Y, et al. Ultra-thin trigonal selenium nanoribbons developed from series-wound beads[J]. Adv Mater, 2004, 16: 649 - 653.

[71] Li Z Q, Yang H, Ding Y, et al. Solution-phase template approach for the synthesis of Cu_2S nanoribbons[J]. Dalton Trans, 2006, 1: 149 - 151.

[72] Gao P, Xie Y, Ye L, et al. From 2d nanoflats to 2d nanowire networks: a novel hyposulfite self-decomposition route to semiconductor FeS_2 nanowebs [J]. Cryst. Growth Des, 2006, 6: 583 - 587.

[73] Hou H W, Xie Y, Li Q. Large-scale synthesis of single-crystalline quasi-aligned submicrometer CuO ribbons[J]. Cryst. Growth Des, 2005, 5: 201 - 205.

[74] Xu F, Xie Y, Zhang X, et al. Single-crystalline gallium nitride microspindles: Synthesis, characterization, and thermal stability[J]. Adv Funct Mater, 2004, 14: 464 - 470.

[75] Xiong Y J, Xie Y, Li Z Q, et al. Aqueous-solution growth of GaP and InP nanowires: A general route to phosphide, oxide, sulfide, and tungstate nanowires[J]. Chem A Eur J, 2004, 10: 654 - 660.

[76] Dong W Y, Sun Y J, Lee C W, et al. Controllable and repeatable synthesis of thermally stable anatase nanocrystal-silica composites with highly ordered hexagonal mesostructures[J]. J. Am. Chem. Soc., 2007, 129: 13894 - 13904.

[77] Zhang F, Wan Y, Yu T, et al. Uniform nanostructured arrays of sodium rare-earth fluorides for highly efficient multicolor upconversion luminescence [J]. Angew. Chem. Int Ed., 2007, 46: 7976 - 7979.

[78] Yan Y, Yang H F, Zhang F Q, et al. Low-temperature solution synthesis of carbon nanoparticles, onions and nanoropes by the assembly of aromatic molecules[J]. Carbon, 2007, 45: 2209 - 2216.

[79] Deng Y H, Yu T, Wan Y, et al. Ordered mesoporous silicas and carbons with large accessible pores templated from amphiphilic diblock copolymer poly(ethylene oxide)-b-polystyrene[J]. J. Am. Chem. Soc., 2007, 129: 1690 - 1697.

[80] Yu T, Zhang H, Yan X W, et al. Pore structures of ordered large cage-type mesoporous silica FDU-12s[J]. J Phys Chem B, 2006, 110: 21467-21472.

[81] Zhang Z T, Han Y, Xiao F S, et al. Mesoporous aluminosilicates with ordered hexagonal structure, strong acidity, and extraordinary hydrothermal stability at high temperatures[J]. J. Am. Chem. Soc., 2001, 123: 5014-5021.

[82] Lu Q Y, Gao F, Zhao D Y. One-step synthesis and assembly of copper sulfide nanoparticles to nanowires, nanotubes, and nanovesicles by a simple organic amine-assisted hydrothermal process[J]. Nano Lett., 2002, 2: 725-728.

[83] Yan Z G, Zhang Y-W, You L-P, Si R, Yan C-H. General synthesis and characterization of monocrystalline 1D-nanomaterials of hexagonal and orthorhombic lanthanide orthophosphate hydrate[J]. J Cryst. Growth., 2004, 262: 408-414.

[84] Wang Y, Wu C, Wei J. Hydrothermal synthesis and luminescent properties of $LnPO_4$: Tb,Bi (Ln=La,Gd) phosphors under UV/VUV excitation[J]. J Luminescence, 2007, 126: 503-507.

[85] Fang Y P, Xu A W, Qin A M, Yu R J. Selective synthesis of hexagonal and tetragonal dysprosium orthophosphate nanorods by a hydrothermal method [J]. Cryst. Growth Des., 2005,5: 1221-1225.

[86] Yu S-H, Cölfen H, Antonietti M. Control of the morphogenesis of barium chromate by using double-hydrophilic block copolymers as crystal growth modifiers[J]. Chem. A. Eur. J., 2002, 8: 2937-2945.

[87] Shi H, Qi L, Ma J, Cheng H. Polymer-derected synthesis of penniform $BaWO_4$ nanostructures in reverse micelles[J]. J. Am. Chem. Soc., 2003, 125: 3450-3451.

[88] Wu Y, Susmita B. Nanocrystalline hydroxyapatite: Micelle templated synthesis and characterization[J]. Langmuir, 2005, 21: 3232-3234.

[89] Fang Z M, Hong Q, Zhou Z H, et al. Oxidative dehydrogenation of propane over a series of low-temperature rare earth orthovanadate catalysts prepared by the nitrate method[J]. Catal. Lett., 1999, 61(1-2): 39-44.

[90] Balasubramanian M R. Studies of the catalytic activities of some vanadium incorporated perovskites[J]. J. Indian Chem. Soc., 1987, 64: 453-455.

[91] Fields R A, Birnbaum M, Fincher C L. Highly efficient neodymium-doped yttrium vanadate (Nd: YVO_4) diode-laser end-pumped laser[J]. Appl. Phy. Lett., 1987, 51(23): 1885-1886.

[92] Buissette V, Huignard A, Gacoin T, et al. Luminescence properties of YVO_4: Ln (Ln=Nd, Yb, and Yb-Er) nanoparticles[J]. Surf. Sci., 2003: 532-535, 444-449.

[93] Jia C J, Sun L D, You L P, et al. Selective Synthesis of Monazite-and Zircon-type $LaVO_4$ Nanocrystals[J]. J. Phys. Chem. B, 2005, 109: 3284-3290.

[94] Isasi J, Veiga M L, Fernandez F, Pico C. Synthesis and structural characterization of solid solutions: $Li_{3x}La_{(1-x)}VO_4$ ($0 \leqslant x \leqslant 0.3$), monazite-type[J]. J. Mater. Sci., 1996, 31: 4689-4692.

[95] Bashir J, Khan M N. X-ray powder diffraction analysis of crystal structure of lanthanum orthovanadate[J]. Mater. Lett., 60 (2006) 470-473.

[96] Schwarz H. The phosphates, arsenates, and vanadates of the rare earths [J]. Z. Anorg. Allgem. Chem., 1963, 323: 44-56.

[97] Zhang L, Hu Z, Lin Z, Wang G. Growth and spectral properties of Nd^{3+}: $LaVO_4$ crystal[J]. J. Crystal Growth., 2004, 260: 460-463.

[98] Ropp R C, Carroll B. Precipitation of rare earth vanadates from aqueous solution[J]. J. Inorg. Nucl. Chem., 1977, 39(8): 1303-1307.

[99] Stouwdam J W, Raudsepp M, van Veggel F C J M. Colloidal Nanoparticles of Ln^{3+}-Doped $LaVO_4$: Energy Transfer to Visible-and Near-Infrared-Emitting Lanthanide Ions[J]. Langmuir, 2005, 21: 7003-7008.

[100] Oka Y, Yao T, Yamamoto N. Hydrothermal Synthesis of Lanthanum Vanadates: Synthesis and Crystal Structures of Zircon-Type $LaVO_4$ and a New Compound LaV_3O_9[J]. J. Solid State Chem., 2000, 152: 486 - 491.

[101] Fan W, Zhao W, You L, et al. A simple method to synthesize single-crystalline lanthanide orthovanadate nanorods[J]. J. Sol. Sta. Chem., 2004, 177: 4399 - 440.

[102] Jia C J, Sun L D, Luo F, et al. Structural transformation induced improved luminescent properties for $LaVO_4$: Eu nanocrystals[J]. Appl. Phys. Lett., 2004, 84: 5305.

[103] Erdei S, Ainger F W, Cross L E, White W B. Hydrolyzed colloid reaction (HCR) technique for preparation of YVO_4, YPO_4 and $YV_xP_{1-x}O_4$[J]. Mater. Lett., 1994, 21(2): 143 - 147.

[104] Balasubramanian M R. Studies of the catalytic activities of some vanadium incorporated perovskites[J]. J. Ind. Chem. Soc., 1987, 64: 453 - 455.

[105] Buissette V, Huignard A, Gacoin M, et al. Luminescence properties of YVO_4: Ln (Ln = Nd, Yb, and Yb - Er) nanoparticles[J]. Surf. Sci., 2003: 532 - 535, 444 - 449.

[106] Fang Z M, Hong Q, Zhou Z H, et al. Oxidative dehydrogenation of propane over a series of low-temperature rare earth orthovanadate catalysts prepared by the nitrate method[J]. Catal. Lett., 1999, 61: 39 - 44.

[107] Fields R A, Birnbaum M, Fincher C L. Highly efficient neodymium-doped yttrium vanadate (Nd: YVO_4) diode-laser end-pumped laser[J]. Appl. Phy. Lett., 1987, 51: 1885 - 1886.

[108] Bashir J, Nasir Khan M. X-ray powder diffraction analysis of crystal structure of lanthanum orthovanadate[J]. Mater. Lett., 2006, 60: 470 - 473.

[109] Jia C J, Sun L D, You L P, et al. Selective synthesis of monazite-and zircon-type $LaVO_4$ Nanocrystals[J]. J. Phys. Chem. B, 2005, 109: 3284 - 3290.

[110] Isasi J, Veiga M L, Fernandez F, Pico C. Synthesis and structural characterization of solid solutions: $Li_{3x} La_{(1-x)} VO_4$ ($0 \leqslant x \leqslant 0.3$), monazite-type[J]. J. Mater. Sci., 1996, 31: 4689 - 4692.

[111] Palilla F C, Levine A K, Rinkevics M J. Rare earth-activated phosphors based on yttrium orthovanadate and related compounds [J]. J. Electrochem. Soc., 1965, 112: 776 - 779.

[112] Rambabu U, Amalnerkar D P, Kale B B, Buddhudu S. Fluorescence spectra of Eu^{3+}-doped $LnVO_4$ (Ln = La and Y) powder phosphors[J]. Mater. Res. Bull., 2000, 35: 929 -.

[113] Jia C J, Sun L D, You L P, et al. Selective synthesis of monazite-and zircon-type $LaVO_4$ Nanocrystals[J]. J. Phys. Chem. B, 2005, 109: 3284 - 3290.

[114] Yan R, Sun X, Wang X, et al. Crystal structures, anisotropic growth, and optical properties: controlled synthesis of lanthanide orthophosphate one-dimensional nanomaterials[J]. Chem.-Eur. J, 2005, 11: 2183 - 2195.

[115] Chen X Y, Yang L, Cook R E, et al. Crystallization, phase transition and optical properties of the rare-earth-doped nanophosphors synthesized by chemical deposition[J]. Nanotechnology, 2003, 14: 670 - 674.

[116] Fan W, Song X, Bu Y, et al. Selected-control hydrothermal synthesis and formation mechanism of monazite-and zircon-Type $LaVO_4$ Nanocrystals[J]. J. Phys. Chem. B, 2006, 110: 23247 - 23250.

[117] Fan W, Zhao W, You L, et al. A simple method to synthesize single-crystalline lanthanide orthovanadate nanorods[J]. J. Solid State Chem., 2004, 177: 4399 - 4403.

[118] Schwarz H. The phosphates, arsenates, and vanadates of the rare earths [J]. Z. Anorg. Allgem. Chem., 1963, 323: 44 - 56.

[119] Zhang L, Hu Z, Lin Z, Wang G. Growth and spectral properties of Nd^{3+}: $LaVO_4$ crystal[J]. J. Cryst. Growth, 2004, 260: 460 - 463.

[120] Ropp R C, Carroll B. Precipitation of rare earth vanadates from aqueous solution[J]. J. Inorg. Nucl. Chem., 1977, 39: 1303 - 1307.

[121] Stouwdam J W, Raudsepp M, van Veggel F C J M. Colloidal nanoparticles of Ln^{3+}-doped $LaVO_4$: energy transfer to visible-and near-infrared-emitting Lanthanide ions[J]. Langmuir., 2005, 21: 7003 - 7008.

[122] Oka Y, Yao T, Yamamoto N. Hydrothermal Synthesis of Lanthanum Vanadates: Synthesis and Crystal Structures of Zircon-Type $LaVO_4$ and a New Compound LaV_3O_9[J]. J. Solid State Chem., 2000, 152: 486 - 491.

[123] Eckert J O Jr, Hung-Houston C C, Gersten B L, et al. Kinetics and mechanisms of hydrothermal synthesis of barium titanate[J]. J. Am. Ceram. Soc., 1996, 79: 2929 - 2932.

[124] Wang X, Zhuang J, Peng Q, Li, Y. D. A general strategy for nanocrystal synthesis[J]. Nature, 2005, 437: 121 - 125.

[125] Liao H W, Wang Y F, Liu X M, et al. Hydrothermal preparation and characterization of luminescent $CdWO_4$ nanorods[J]. Chem. Mater., 2000, 12: 2819.

[126] Erdei S, Ainger F W, Cross L E, White W B. Hydrolyzed colloid reaction (HCR) technique for preparation of YVO_4, YPO_4 and $YV_xP_{1-x}O_4$[J]. Mater. Lett., 1994, 21: 143 - 147.

[127] Nakamoto K. Infrared and Raman Spectra of Inorganic and Coordination Compounds[M]. N. Y.: John Wiley & Sons, 1986, 4th Edition, .

[128] Bashir J, Nasir Khan M. X-ray powder diffraction analysis of crystal structure of lanthanum or thovanadate. Mater. Lett., 2006, 60: 470 - 473.

[129] Yu M, Lin J, Wang S B. Effects of x and R^{3+} on the luminescent properties of Eu^{3+} in nanocrystalline $YV_xP_{1-x}O_4$: Eu^{3+} and RVO_4: Eu^{3+} thin-film phosphors[J]. Appl. Phys. A, 2004, 80: 353 - 357.

[130] Jia C J, Sun L D, Luo F, et al. Structural transformation induced improved

luminescent properties for $LaVO_4$: Eu nanocrystals[J]. Appl. Phys. Lett., 2004, 84: 5305 - 5308.

[131] Haase M, Riwotzki K, Meyssamy H, Kornowski A. Synthesis and properties of colloidal lanthanide-doped nanocrystals[J]. J. Alloys Comp., 2000: 303 - 304, 191.

[132] Judd B R. Optical absorption intensities of rare earth ions[J]. Phys. Rev., 1962, 127: 750.

[133] Ofelt G S. Intensities of crystal spectra of rare-earth ions[J]. J. Chem. Phys., 1962, 37: 511.

[134] Pinceloup P, Courtois C, Vicens J, et al. Evidence of a dissolution-precipitation mechanism in hydrothermal synthesis of barium titanate powders[J]. J. Eur. Ceram Soc., 1999, 19: 973 - 977.

[135] Zhong W, Xia C, Shi E, et al. Formation mechanism of barium titanate nanocrystals under hydrothermal conditions[J]. Sci. in China (Ser. E), 1997, 40: 479 - 488.

[136] Hertl W. Kinetics of barium titanate synthesis[J]. J. Am. Ceram. Soc., 1988, 71: 879.

[137] Vayssieres L, Beermann N, Lindquist S E, Hagfeldt A. Controlled aqueous chemical growth of oriented three-dimensional crystalline nanorod arrays: application to Iron(III) oxides[J]. Chem. Mater., 2001, 13: 233.

[138] Failini G, Albeck S, Weiner S, Addadi L. Control of aragonite or calcite polymorphism by mollusk shell macromolecules[J]. Science, 1996, 271: 67 - 69.

[139] Belcher A M, Wu X H, Christensen R J, et al. Control of crystal phase switching and orientation by soluble mollusk-shell proteins[J]. Nature, 1996, 381: 56 - 58.

[140] Barbero B P, Cadus L E. Sm-V-O catalytic system for oxidative

dehydrogenation of propane[J]. Appl Catal A: General, 2003, 244: 235 - 249.

[141] Li K T, Chi Z H. Selective oxidation of hydrogen sulfide on rare earth orthovanadates and magnesium vanadates[J]. Appl Catal A: General, 2001, 206: 197 - 203.

[142] Ramakrishnan P, Chatterjee A, Alexander G, Singh H. Spectral properties and emission efficiencies of $GdVO_4$ phosphors[J]. Appl Phys A: Mater Sci Proc., 2002, 74: 153 - 162.

[143] Katsumata T, Takashima H, Ozawa H, et al. Flux growth of yttrium ortho-vanadate crystals[J]. J. Crystal Growth, 1995, 148: 193 - 196.

[144] Huang C H, Chen J C, Hu C. YVO_4 single-crystal fiber growth by the LHPG method[J]. J. Crystal Growth, 2000, 211: 237 - 241.

[145] Riwotzki K, Haase M. Wet-Chemical Synthesis of Doped Colloidal Nanoparticles: YVO_4: Ln (Ln) Eu, Sm, Dy)[J]. J. Phys. Chem. B, 1998, 102: 10129 - 10135.

[146] Chen L, Liu Y, Huang K. Hydrothermal synthesis and characterization of YVO_4-based phosphors doped with Eu^{3+} ion[J]. Mater. Res. Bull., 2006, 41: 158 - 166.

[147] Zhang H, Fu X, Niu S, Sun G, Xin Q. Low temperature synthesis of nanocrystalline YVO_4: Eu via polyacrylamide gel method[J]. J. Sol. St. Chem., 2004, 177: 2649 - 2654.

[148] Su X Q, Yan B. In situ chemical co-precipitation synthesis of YVO_4: RE (RE = Dy^{3+}, Sm^{3+}, Er^{3+}) phosphors by assembling hybrid precursors [J]. J. Non - Cryst. Solid, 2004, 351: 3542 - 3546.

[149] Li Y, Hong G. Synthesis and luminescence properties of nanocrystalline YVO_4: Eu^{3+}[J]. J. Solid State Chem., 2005, 178: 645 - 649.

[150] Wu X, Tao Y, Mao C, et al. In situ hydrothermal synthesis of YVO_4 nanorods and microtubes using $(NH_4)_{0.5}V_2O_5$ nanowires templates[J]. J.

Crystal Growth, 2006(290): 207 - 212.

[151] Wu H, Xu H, Su Q, Chen T, Wu M. Size-and shape-tailored hydrothermal synthesis of YVO_4 crystals in ultra-wide pH range conditions [J]. J. Mat. Chem., 2003, 13: 1223 - 1228.

[152] Erdei S, Ainger F W, Ravichandran D, et al. Preparation of Eu^{3+}: YVO_4 red and Ce^{3+}, Tb^{3+}: $LaPO_4$, green phosphors by hydrolyzed colloid reaction (HCR) technique[J]. Mater. Lett., 1997, 30: 389 - 393.

[153] Xia C T, Shi Er W, Zhong W Z, Guo J K. Preparation of $BaTiO_3$ by the hydrothermal method[J]. J. Eur. Ceram. Soc., 1995, 15: 1171 - 1176.

[154] Huignard A, Buissette V, Laurent G, et al. Synthesis and Characterizations of YVO_4: Eu[J]. Colloids Chem. Mater., 2002, 14: 2264 - 2269.

[155] Huignard A, Gacoin T, Chaput F, et al. Synthesis and luminescence properties of colloidal. lanthanide doped YVO_4. Mater. Res. Soc. Sym [C]//Proc. 2001, 667 (Lum. & Lum. Mater.): G4. 5/1 - G4. 5/6.

[156] Blasse G, Bril A. Characteristic luminescence. I. Absorption and emission spectra of some important activators. II. Efficiency of phosphors excited in the activator. III. Energy transfer and efficiency[J]. Philips Technical Review, 1970, 31: 304 - 332.

[157] Blasse G. Some considerations and experiments on concentration quenching of characteristic broad-band fluorescence[J]. Philips Research Reports, 1968, 23(4): 344 - 361.

[158] Unoki H, Oka K. Synthesis of single crystals of rare earth vanadates by using infrared-radiation-converging furnace [J]. Denshi Gijutsu Sogo Kenkyusho Iho, 1983, 47: 1089 - 1097.

[159] Gaur Kanchan, Tripathi A K, Lal H B. Unusual magnetic behavior of light rare earth vanadates at higher temperature[J]. J. Mater. Sci. Lett., 1983, 2: 371 - 374.

[160] Lou L, Boyer D, Bertrand-Chadeyron G, et al. Sol-gel waveguide thin film of YBO_3: Eu preparation and characterization[J]. Opt. Mater., 2000, 15: 1-6.

[161] Wei Z G, Sun L D, Jiang X C, et al. Correlation between size dependent luminescent properties and local structure around Eu^{3+} ions in YBO_3: Eu nanocrystals: An XAFS study[J]. Chem. Mater., 2003, 15: 3011-3017.

[162] Chaminade J P, Viraphong O, Guillen F, et al. Crystal growth and optical properties of new neutron detectors Ce^{3+}: $Li_6R(BO_3)_3$ (R=Gd, Y)[J]. IEEE Trans. Nucl. Sci., 2001, 48: 1158-1161.

[163] Kwon I E, Yu B Y, Bae H, et al. Luminescence properties of borate phosphors in the UV/VUV region[J]. J. Luminescence, 2000: 87-89, 1039-1041.

[164] Kolis J W, Giesber H G. Acentric orthorhombic lanthanide borate crystals, method for making, and applications thereof[P]. Patent No. US 2005022720, USA, 2005.

[165] Knitel M. New Inorganic Scintillators and Storage Phosphors for Detection of Thermal Neutrons[M]. Delft: Delft University Press, 1998.

[166] Miyasaki Y, Aoki M, Sugimoto K, et al. Plasma display panel showing improved luminous, service life, and reliability and preparation of boron oxide-coated green phosphor particles by autoclaving[P]. Patent No. JP 2005183246, Japan, 2005.

[167] Giesber H G, Ballato J, Pennington W T, et al. Hydrothermally grown borate single crystals for deep ultraviolet and nonlinear optical applications [J]. Glass Technology, 2003, 44: 42-45.

[168] Chadeyron G, Arbus A, Fournier M T, et al. Influence de la méthode de synthèse sur les propriétés luminescentes de YBO_3 : Eu^{3+} de structure vatérite[J]. C. R. Acad. Sci. Paris, 1995, 320: 199-203.

[169] Takada T, Yamamoto H, Kageyama K. Synthesis and microwave dielectric

properties of xRe$_2$O$_3$ — yB$_2$O$_3$ (Re = La, Nd, Sm, Dy, Ho and Y) compounds[J]. Japan. J. Appl. Phy. Part1., 2003, 42: 6162 - 1670.

[170] Smith R C, Hacskaylo M. The capacitor is formed by depositing a stoichiometric thin film of a rare. earth borate as the dielectric[P]. Patent No. US 3470018, USA, 1969.

[171] Denning J H, Ross S D. Vibrational spectra and structures of some rare earth borates[J]. Conference Digest — Institute of Physics, 1971, 3(Rare Earths Actinides, Short Pap. Conf.), 234 - 236.

[172] Laperches J P, Tarte P. Spectres d'absorption infrarouge de borates de terres rares[J]. Spectrochim. Acta., 1966, 22: 1201 - 1210.

[173] Kriz H M, Bray P J. On the Crystal Structure of YBO_3, a Vaterite-Type Borate[J]. J. Chem. Phys., 1969, 51: 3624 - 3645.

[174] Cohen-Adad M Th, Aloui-Lebbou O, Goutaudier C, et al. Gadolinium and Yttrium Borates: Thermal Behavior and Structural Considerations[J]. J. Solid State Chem., 2000, 154: 204 - 213.

[175] 杨智,任敏,林建华等.稀土硼酸盐的结构及其真空紫外(VUV)荧光性质[J].高等学校化学学报.1988,9,1339 - 1343.

[176] Antic-Fidancev E, Aride J, Chaminade J, et al. The aragonite-type neodymium borate $NdBO_3$: Energy levels, crystal field, and paramagnetic susceptibility calculations[J]. J. Solid State Chem., 1992, 97: 74 - 81.

[177] Keszler D A, Sun H. Structure of $ScBO_3$[J]. Acta Crystallogr. C, 1988, 44: 1505 - 1507.

[178] Laureiro Y, Veiga M L, Fernandez F, et al. Synthesis, characterization and magnetic properties of $LnBO_3$(Ln≡Nd, Gd, Tb, Dy, Ho and Er)[J]. J. Less-Common. Metals, 1990, 157: 335 - 341.

[179] Levin E M, Roth R S, Martin J B. Polymorphism of ABO_3-type rare earth borates[J]. Am. Mineralogist, 1961, 46: 1030 - 1055.

[180] Chadeyron G, El-Ghozzi M, Mahiou R, et al. Revised structure of the orthoborate YBO_3[J]. J. Solid State Chem., 1997, 128: 261 - 266.

[181] Corbel G, Leblanc M, Antic-Fidancev E, et al. Luminescence analysis and subsequent revision of the crystal structure of triclinic L - $EuBO_3$[J]. J. Alloys Compd., 1999, 287: 71 - 78.

[182] Ren M, Lin J H, Dong Y, et al. Structure and Phase Transition of $GdBO_3$[J]. Chem. Mater., 1999, 11: 1576 - 1580.

[183] Meyer H J. Triclinic orthoborates of the rare earths[J]. Naturwissenschaften, 1972, 59: 215.

[184] Boehlhoff R, Bambauer H U, Hoffmann W Z. Crystal structure of high lanthanum borate[J]. Kristallogr., Kristallgeometrie, Kristallphys., Kristallchem, 1971, 133: 386 - 395.

[185] Lemanceau S G, Bertrand-Chadeyron R, Mahiou M, et al. Synthesis and characterization of H - $LnBO_3$ orthoborates (Ln=La, Nd, Sm, and Eu)[J]. J. Solid State Chem., 1999, 148: 229 - 235.

[186] Huppertz H, von der Eltz B, Hoffmann R D, Piotrowski H. Multianvil High-Pressure Syntheses and Crystal Structures of the New rare-earth oxoborates x - $DyBO_3$ and - x - $ErBO_3$[J]. J. Solid State Chem., 2002, 166: 203 - 212.

[187] Huang Y, Duan X, Cui Y, et al. Logic Gates and Computation from Assembled Nanowire Building Blocks[J]. Science, 2001, 294: 1313 - 1317.

[188] Cui Y, Wei Q, Park H, Lieber C M. Nanowire nanosensors for highly-sensitive, selective and integrated detection of biological and chemical species[J]. Science, 2001, 293: 1289 - 1292.

[189] Black C T, Murray C B, Sandstrom R L, Sun S. Spin-dependent tunneling in self-assembled cobalt-nanocrystal superlattices[J]. Science, 2000, 290: 1131 - 1134.

[190] Alivisatos A P. Semiconductor clusters, nanocrystals, and quantum dots. Science, 1996, 271: 933 - 937.

[191] Patzke G R, Krumeich F, Nesper R. Oxidic nanotubes and nanorods-Anisotropic modules for a future nanotechnol ogyAngew[J]. Chem. Int. Ed., 2002, 41: 2446 - 2461.

[192] Lin J, Huang Y, Zhang J, et al. Preparation and characterization of lanthanum borate nanowires[J]. Mater. Lett., 2007, 61: 1596 - 1600.

[193] Klassen N V, Shmurak S Z, Shmytko I M, et al. Structure and luminescence spectra of lutetium and yttrium borates synthesized from ammonium nitrate melt[J]. Nuclear instruments and methods in physics research. Section A, Accelerators, 2005, 537: 144 - 148.

[194] Zhou Y, Xu Y, Hong M, Chen B. 2005, Patent No. CN 1768988 (China).

[195] Wang Y, Endo T, He L, Wu C. Synthesis and photoluminescence of Eu^{3+}-doped $(Y,Gd)BO_3$ phosphors by a mild hydrothermal process[J]. J. Crystal Growth, 2004, 268: 568 - 574.

[196] Jiang X C, Yan C H, Sun L D, et al. Hydrothermal homogeneous urea precipitation of hexagonal YBO_3 : Eu^{3+} nanocrystals with improved luminescent properties[J]. J. Solid State Chem., 2003, 175: 245 - 251.

[197] Smith R C, Hacskaylo M. The capacitor is formed by depositing a stoichiometric thin film of a rare. earth borate as the dielectric[P]. Patent No. US 3470018, USA, 1969.

[198] Boyer D, Bertrand-Chadeyron G, Mahiou R, et al. Synthesis dependent luminescence efficiency in Eu^{3+} doped polycrystalline YBO_3[J]. J. Mater. Chem., 1999, 9: 211 - 214.

[199] Bertrand-Chadeyron G, El-Ghozzi M, Boyer D, et al. Orthoborates processed by soft routes: correlation luminescence structures[J]. J. Alloys

Compds. , 2001, 317 - 318, 183 - 185.

[200] Yu B, Badaec N A. Kostromina, Influence of cationic poly electrolytes on absorption spectra of Pyrogallyc Red an its Complex with Molybdenum[J]. Ukrainskii, Khimicheskii Zhurnal (Russian Ed), 1986, 52: 1171 - 1174.

[201] Giesber H, Ballato J M, Pennington W T Jr, J, et al. Spectroscopic properties of Er^{3+} and Eu^{3+} doped acentric $LaBO_3$ and $GdBO_3$[J]. SPIE-Inter. Soc. Optical Engin. , 2001, 4452: 1 - 6.

[202] Giesber H G, Ballato J M, Pennington W T, et al. Synthesis and characterization of optically nonlinear and light emitting lanthanide borates [J]. Inform. Sci. , 2003, 149: 61 - 68.

[203] Lemanceau S, Bertrand-Chadeyron G, Mahiou R, et al. Synthesis and characterization of H-$LnBO_3$ orthoborates (Ln=La, Nd, Sm, and Eu)[J]. J. Solid State Chem. , 1999, 148: 229 - 235.

[204] Denning J H, Ross S D. Vibrational spectra and structures of some rare earth borates[J]. Spectr. Acta. A, 1972, 28: 1775 - 1785.

[205] Laperches J P, Tarte P. Infrared absorption spectra of rare earth borates. Spectrochim[J]. Acta. , 1966, 22: 1201 - 1210.

[206] Penn R L, Oskam G, Strathmann T J, et al. Veblen. Epitaxial assembly in aged colloids[J]. J. Phys. Chem. B, 2001, 105: 2177 - 2182.

[207] Pinceloup P, Courtois C, Vicens J, et al. Hydrothermal synthesis of nanometer-sized barium titanate powders: control of barium/titanium ratio, sintering, and dielectric properties[J]. J. Am. Ceram. Soc. , 1999, 82: 3049 - 3056.

[208] Kim F, Kwan S, Akana J, Yang P. Langmuir-Blodgett nanorod assembly [J]. J. Am. Chem. Soc. , 2001, 123: 4360 - 4361.

[209] Cao G, Song X, Yu H, et al. Hydrothermal synthesis of sodium tungstate nanorods and nanobundles in the presence of sodium sulfate[J]. Mater.

Res. Bull., 2006, 41: 232-236.

[210] Kriz H M, Bray P J. On the crystal Structure of YBO_3, a vaterite-type borate[J]. J. Chem. Phys., 1969, 51: 3624-3625.

[211] Cohen-Adad M Th, Aloui-Lebbou O, Goutaudier C, et al. Gadolinium and Yttrium borates: thermal behavior and structural considerations[J]. J. Solid State Chem., 2000, 154: 204-213.

[212] Kennedy G C. Pressure-volume-temperature relations in water at elevated temperatures. and pressures[J]. Am. J. Sci., 1950, 248: 540-564.

[213] Weast R C. Handbook of physics and Chemistry[M]. BocaRoton: CRC Press, 1983.

[214] Dudziak K H, Franck E U. Measurements of water viscosity up to 560 and 3500 bars[J]. Ber. Bunsenges. Phys. Chem., 1966, 70: 1120-1128.

[215] Henry J Y. Study of hydrothermal formation conditions of rare earth borates TBO_3, pseudo-vaterite[J]. Mater. Res. Bull., 1976, 11: 577-583.

[216] Levin E M, Roth R S, Martin J B. Polymorphism of ABO_3-type rare earth borates[J]. Am. Mineralogist., 1961, 46: 1030-1055.

[217] Yada M, Mihara M, Mouri S, et al. Rare earth (Er, Tm, Yb, Lu) oxide nanotubes templated by dodecylsulfate assemblies[J]. Adv. Mater., 2002, 14: 309-313.

[218] Wang X, Li Y D. Synthesis and characterization of lanthanide hydroxide single-crystal nanowires[J]. Angew. Chem. Int. Ed., 2002, 41: 4790-4793.

[219] Takita Y, Qing X, Takami A, et al. Oxidative dehydrogenation of isobutane to isobutene IIIReaction mechanism over $CePO_4$ catalyst[J]. Appl. Catal. A Gen, 2005, 296: 63-69.

[220] Xu A W, Fang Y P, You L P, Liu H Q. A simple method to synthesize $Dy(OH)_3$ and Dy_2O_3 nanotubes[J]. J. Am. Chem. Soc., 2003, 125: 1494-1495.

[221] Zhang Y, Li Y, Yin Y. Red photoluminescence and morphology of Eu^{3+} doped $Ca_3La_3(BO_3)_5$ phosphors[J]. J. Alloys and Comp., 2005, 400: 222 - 226.

[222] Riwotzki K, Kornowski A, Kornowski A, et al. Liquid-phase synthesis of doped nanoparticles colloids of luminescing LaPO: Eu and CePO: Tb particles with a narrow particle size distribution44[J]. J. Phys. Chem. B. 2000, 104: 2824 - 2828.

[223] Amezawa K, Tomii Y, Yamamoto N. High temperature protonic conduction in $LaPO_4$ doped with alkaline earth metals[J]. Solid State Ionics, 2005, 176: 135 - 141.

[224] Valérie B, Mélanie M, Thierry G, et al. Colloidal synthesis of luminescent rhabdophane $LaPO_4$: Ln^{3+} · xH_2O (Ln) Ce, Tb, Eu; $x \approx 0.7$) nanocrystals[J]. Chem Mater. 2004, 16: 3767 - 3773.

[225] Maestro P, Huguenin D. Industrial applications of rare earths: which way for the end of the century[J]. J Alloys Compds. 1995, 225: 520 - 528.

[226] Haase M, Riwotzki K, Meyssamy H, et al. Synthesis and properties of colloidal lanthanide-doped nanocrystals[J]. J Alloys Compds. 2000, 303 - 304, 191 - 197.

[227] Diaz-Guillén J A, Fuentes A F, Gallini S, et al. A rapid method to obtain nanometric particles of rhabdophane $LaPO_4 \cdot nH_2O$ by mechanical milling [J]. J Alloys Compd, 2007, 427: 87 - 93.

[228] 丁士进,徐宝庆. Ln(BO_3,PO_4) [Ln=La, Y]基质中 Ce^{3+}、Tb^{3+}、Gd^{3+}的光谱[J]. 光谱学与光谱分析,2001,21: 275 - 278.

[229] 丁士进,徐宝庆. La(BO_3,PO_4) [Ce, Tb, Gd]的发光研究[J]. 功能材料与器件学报,2001,7: 21 - 26.

[230] 朱汇,熊光楠. Eu^{2+}在磷酸镧中的发光及 $Ce^{3+} \rightarrow Eu^{2+}$的能量传递[J]. 发光学报,2003,24: 234 - 238.

[231] Lenggoro I W, Xia B, Hiroaki M, et al. Synthesis of $LaPO_4$: Ce, Tb phosphor particles by spray pyrolysis[J]. Mater Lett, 2001, 50: 92 - 95.

[232] Lucas S, Champion E, Bernache-Assollant D, et al. Rare earth phosphate powders $RePO_4 \cdot nH_2O$ (Re=La, Ce or Y) II. Thermal behavior[J]. J Solid State Chem., 2004, 177: 1312 - 1320.

[233] Assaaoudi H, Ennaciri A, Rulmont A, et al. Gadolinium orthophosphate weinschenkite type and phase change in rare earth orthophosphates[J]. Phase Trans, 2000, 72: 1 - 13.

[234] 施尔畏,夏长泰.水热法的应用与发展[J].无机材料学报,1996, 11(2): 193 - 206.

[235] Hirano M, Kato E. Hydrothermal synthesis and sintering of fine powders in CeO_2 - ZrO_2 system[J]. J Ceram Soc Japan, 1996, 104: 958 - 963.

[236] Cho W S, Yoshimura M. Structural evolution of crystallized $SrWO_4$ film synthesized by a solution reaction assisted by electrochemical dissolution of tungsten at room temperature[J]. Eur J Solid State & Inorg Chem, 1997, 34: 895 - 904.

[237] Xu W P, Zheng L R, Xin H P, et al. Application of hydrothermal mechanism for tailor-making perovskite titanate films[J]. Proc-Int Symp Electret, 1996: 617 - 622.

[238] Chen Q W, Qian Y T, Chen Z Y, et al. Hydrothermalepitaxy of highly oriented TiO_2 thin films on silicon[J]. Appl Phys Lett, 1995, 66: 1608 - 1610.

[239] Chen Q W, Wu W B, Qian Y T, et al. Inducing phase decomposition and superconductivity of $Bi_2Sr_2CaCu_2O_y$ single crystals treated in sulfur atmosphere at low temperature[J]. Phys Status Solidi A: Appl Res, 1995, 151(1): K5 - K8.

[240] 蔡少华,党华,李沅英等.水热法合成 $CaWO_4$ 荧光体的研究[J].高等学校化学学报,1998,19(5): 693 - 697.

[241] Chang H A, Kai B T, Guo Z S, et al. Hydrothermal preparation of luminescent $PbWO_4$ nanocrystallites [J]. Mater Lett, 2002, 57 (3): 565 - 568.

[242] Riwotzki K, Meyssamy H, Kornowski A, Haase M. Liquid-phase synthesis of doped nanoparticles: colloids of luminescing $LaPO_4$: Eu and $CePO_4$: Tb Particles with a Narrow particle size distribution[J]. J. Phys. Chem. B, 2000, 104: 2824 - 2828.

[243] Yu L, Song H, Lu S, et al. Luminescent properties of $LaPO_4$: Eu Nanoparticles and nanowires [J]. J. Phys. Chem. B, 2004, 108: 16697 - 16702.

[244] Wu C F, Wang Y H, Jie W. Hydrothermal synthesis and luminescent properties of $LnPO_4$: Tb (Ln=La, Gd) phosphors under VUV excitation [J]. J Alloys Compds, 2007, 436: 383 - 386.

[245] Fang Y P, Xu A W, Song R Q, et al. Systematic synthesis and characterization of single-crystal lanthanide orthophosphate nanowires[J]. J. Am. Chem. Soc., 2003, 125: 16025 - 16034.

[246] Hezel A, Ross S D. Forbidden transitions in the infrared spectra of tetrahedral anions. III. Spectra-structure correlations in perchlorates, sulfates, and phosphates of the formula MXO_4 [J]. Spectrochimica Acta, 1966, 22: 1949 - 1961.

[247] Onoda H, Nariai H, Maki H, Motooka I. Syntheses of various rare earth phosphates from some rare earth compounds [J]. Mater. Chem. Phy., 2002, 73: 19 - 23.

[248] Yu L, Song H, Liu Z, et al. Electronic transition and energy transfer processes in $LaPO_4$-Ce^{3+}/Tb^{3+} Nanowires[J]. J. Phys. Chem. B, 2005, 109: 11450 - 11455.

[249] Zhang Y, Guan H. The growth of lanthanum phosphate (rhabdophane)

nanofibers via the hydrothermal method[J]. Mater. Res. Bull., 2005, 40: 1536-1543.

[250] Yan Z G, Zhang Y W, You L P, et al. General synthesis and characterization of monocrystalline 1D-nanomaterials of hexagonal and orthorhombic lanthanide orthophosphate hydrate[J]. J. Cryst. Growth, 2004, 262: 408-414.

[251] Cole J M, Lees M R, Howard J A K, et al. Crystal Structures and Magnetic Properties of Rare-Earth Ultraphosphates, RP_5O_{14} (R=La, Nd, Sm, Eu, Gd)[J]. J Solid State Chem, 2000, 150: 377-382.

[252] Onoda H, Nariai H, Maki H, et al. Addition of urea or biuret on synthesis of rhabdophane-type neodymium and cerium phosphates[J]. J Mater Syn Proc, 2002, 10: 121-126.

[253] Kijkowskal R, Cholewka E, Duszak B. X-ray diffraction and Ir-absorption characteristics of lanthanide orthophosphates obtained by crystallisation from phosphoric acid solution[J]. J Mater. Sci., 2003, 38: 223-228.

[254] Kijkowska R. Thermal decomposition of lanthanide orthophosphates synthesized through crystallisation from phosphoric acid solution [J]. Thermochimica Acta, 2003, 404: 81-88.

[255] Fujishiro Y, Ito H, Sato T, Okuwaki A. Synthesis of monodispersed $LaPO_4$ particles using the hydrothermal reaction of an $La(edta)^-$ chelate precursor and phosphate ions[J]. J Alloys Compds, 1997, 252: 103-109.

后 记

本书是笔者根据博士论文撰写而成。

论文的顺利完成与导师吴庆生教授的谆谆教导有着密切的关系。从论文的选题工作的开展一直到论文的完成都得到吴老师的精心指导和教诲。导师渊博的知识储备、严谨的治学态度、孜孜以求学术的理念、活跃的科学思维、乐观豁达的生活态度、以及谦和的为人处事的风范，无不时时感染和激励着我，让我受益终生。从导师身上我得益良多，在此，我谨向自己的导师表示衷心的感谢。

在实验室里的三年时间里，觉得自己能够成为这个和睦大家庭中的一员实属幸事。因为她给了我不仅仅在学习和科研上所需要的条件，还有人与人之间和睦、和谐的家的氛围，让我感受到温暖和亲情。从开始进实验室到现在接触到的博士们：刘金库师兄、李丽师姐、孙冬梅师姐、张国欣师兄、陈云师姐（老师）、韩晓建师兄、贾润萍博士后、母朝静老师、王玫老师、陈平老师、董凤强、李敏敏、史继超、袁品仕、谢劲松、朱铁建；到接触过的硕士们：燕云、刘往专、张晓喻、段树敏、尹蓉徽、李升、于燕燕、庄凌、刘心波、赵静、陈义军、罗智辉、朱子春，等等，他们都给予我不同程度的支持和帮助，与他们的共度的美好时光让我终生难忘，在此向各位师兄、弟、姐、妹表示深深的谢意。

在本书写作期间，得到了上海大学的丁亚平教授和李丽老师、本系的中心实验室的各位老师、以及复旦大学电镜测试中心的多位老师的帮助，在此一并对他们表示由衷的感谢。

本书的完成得益于国家自然科学基金、973国家重大项目以及上海市纳米专项基金的支持，在此表示感谢。

特别感谢我的家人，是她们的默默支持、奉献和鼓励支撑着我一步步走到现在，是她们给我提供了无尽的动力和进取的力量。可以这么说，我的成绩80%应该归功于她们。

最后感谢所有帮助和支持过我的老师、朋友、同学，衷心祝愿他们好人好报、阖家欢乐、事事如意!!

马　杰